KB015948

과알못도 빠져드는 3시간 생물

'과알못'도 빠져드는 3시간 생물

초판 1쇄 인쇄 2021년 7월 16일
초판 1쇄 발행 2021년 7월 23일

편저 사마키 다케오 **옮김** 안소현

펴낸이 이상순 **주간** 서인찬 **영업지원** 권은희 **제작이사** 이상광

펴낸곳 (주)도서출판 아름다운사람들
주소 (10881) 경기도 파주시 회동길 103
대표전화 (031) 8074-0082 **팩스** (031) 955-1083
이메일 books777@naver.com **홈페이지** www.book114.kr

ISBN 978-89-6513-704-7 (43470)

이 도서의 국립중앙도서관 출판예정도서목록(CIP)은 서지정보유통지원시스템 홈페이지(http://seoji.nl.go.kr)와 국가자료종합목록시스템(http://www.nl.go.kr/kolisnet)에서 이용하실 수 있습니다. (CIP제어번호 : CIP2019009352)

파본은 구입하신 서점에서 교환해 드립니다.

'과알못'도 빠져드는 3시간 생물

사마키 다케오 편저 안소현 옮김

리드리드출판

| 프롤로그 |

독자 여러분께

이 책은 다음과 같은 사람들을 위해 썼습니다.

· 희귀한 생물도 좋지만 좀 더 우리 주위에서 흔히 볼 수 있는 '친숙한 생물'에 대해 알고 싶다!

· '우리의 일상생활과 그 생물이 어떻게 관련되었는가'에 대한 흥미로운 지식을 쉽게 이해하고 싶다!

저는 초등학생 무렵, 학교에서 돌아오면 가방을 내팽개쳐놓고 산이나 강으로 신나게 놀러 다녔습니다. 버섯을 캐거나 물고기와 조개를 잡아 엄마에게 갖다 드리면 그날 저녁 반찬으로 올라오곤 했습니다. 날마다 즐겁고 행복했습니다.

'오늘은 무슨 일이 일어날까?'

두근두근 호기심 가득한 마음으로 하루하루 지냈기 때문입니다.

세월이 흘러 대학을 졸업한 뒤 중 · 고등학교에서 과학 교사를 하다가 대학원에 진학해서 공부를 더 한 뒤 대학교수가 되었습니다. 어릴 때 자연 속에서 뛰어놀면서 재미있는 것도 발견하고 꼼꼼히 관찰했던 나날이 지금 하는 일로 이어진 것입니다.

이 책을 공동 집필한 아오노 히로유키 씨와 사마키 에미코 씨, 우리 세 사람은 모두 중 · 고등학교에서 과학을 가르친 경험이 있습니다. 요즘 학교에서 가르치는 '과학, 생물'은 구체적인 생물(진짜 생물!)과 멀어져서 추상적으로 되어버린 느낌이 듭니다.

우리 세 사람은 일상에서 만나는 생물에 대한 호기심이 '과학, 생물' 공부에 도움이 되길 바랍니다.

이 책을 집필할 때 특히 신경 쓴 것은 "벌레가 싫어! 보는 것도 만지는 것도 싫어!"라고 말하는 사람입니다. 저는 벌레를 싫어하는 사람에게 자연의 신비로움과 재미를 느끼게 하고 싶었습니다. 벌레를 만지지 않아도 좋으니까 싫어하는 생물일지라도 벌레의 생태에 흥미를 품어주길 바랍니다.

편저자 **사마키 다케오**

| 차례 |

제2장

'공원, 학교, 거리'에 넘쳐나는 생물

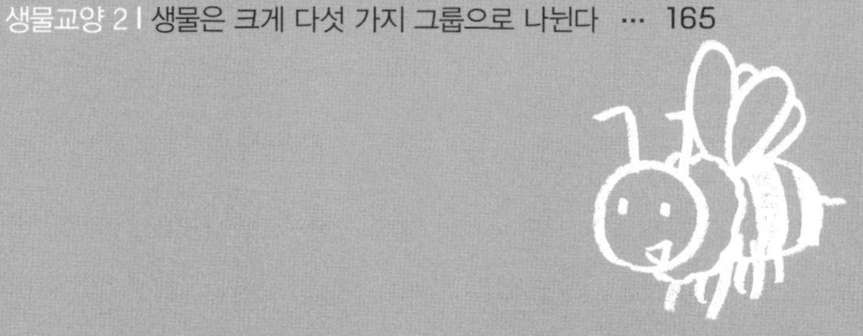

제3장

'산, 논밭, 들판'에 넘쳐나는 생물

제4장
‘시냇가, 강, 바다’에 넘쳐나는 생물

제5장
우리는 ‘호모 사피엔스’

제1장
'집 안과 마당'에
넘쳐나는 생물

01

바이러스

'땀을 흘리면 감기가 낫는다' 라는 말은 잘못?

바이러스가 원인인 질병으로 감기, 인플루엔자, 인두 결막열, 홍역, 수족구병, 감염 홍반, 풍진, 헤르페스, A형 간염, B형 간염, C형 간염 등 익숙한 것이 많이 있습니다.

바이러스는 굉장히 조그맣다

바이러스는 유전자와 그것을 감싼 단백질로만 만들어진 아주 간단한 구조인데 사람과 동물, 식물 등 다양한 생물을 감염시켜 피해를 줍니다. 바이러스는 독립해서 살아갈 수 없고 살아 있는 다른 세포를 감염시켜 증식해 갑니다.

바이러스의 크기는 20~970나노미터입니다.[1] 세균의 크기는 1~5마이크로미터라서 바이러스가 세균보다 훨씬 작다는 것을 알 수 있습니다. 대부분의 바이러스는 300나노미터 이하라서 전자현미경을 고배율로 해야 볼 수 있습니다.

바이러스 크기 이미지

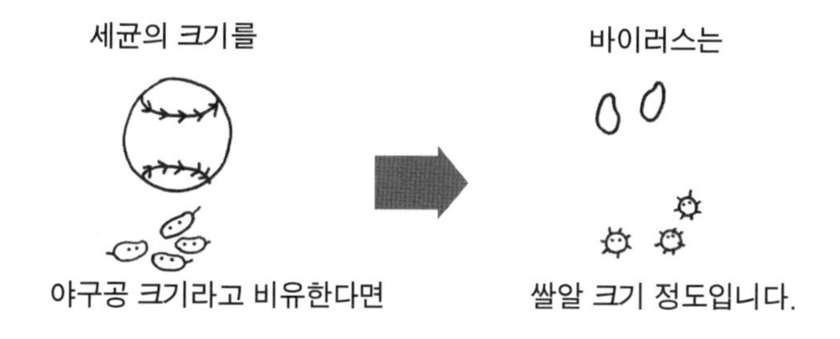

1) 1마이크로미터는 1밀리미터의 천분의 1이고, 1나노미터는 1밀리미터의 백만분의 1입니다.

세균과 바이러스는 다르다

황열은 주로 열대 아프리카와 중남미가 유행 지역으로 모기가 옮기는 질병입니다. 고열이 나고 중증 간 장애와 더불어 황달이 나타나기에 황열이라는 이름이 붙었고 치사율은 5~10퍼센트로 추정됩니다.

천엔짜리 지폐 초상화 주인공인 노구치 히데요는 1918년, 황열의 병원균인 세균을 발견했다고 공식 발표했습니다. 하지만 노구치 히데요의 발견은 잘못된 것입니다. 그것은 훗날 증상이 비슷한 다른 질병의 병원균이라는 사실이 밝혀졌습니다. 황열 원인은 세균이 아니라 바이러스였습니다. 노구치 히데요는 세균설에 집착해서 연구하다가 병원체를 착각했는데 결국 황열에 걸려 세상을 떠났습니다.

인플루엔자 바이러스가 감염되는 경로

해마다 맹위를 떨치는 인플루엔자 바이러스의 감염 경로를 살펴보기로 하겠습니다.

몸 안에 침입한 바이러스는 먼저 세포에 달라붙습니다. 이것이 감염입니다.

인플루엔자에 감염되는 경로는 감염자가 기침이나 재채기를 할 때 사방으로 튄 비말에 포함된 바이러스로 '비말 감염'이 가장 많지만, 감염자가 바이러스 묻은 손으로 입이나 코를 문질러서 걸리는 '접촉 감염'도 있습니다.

인플루엔자 감염을 막기 위해서는 '백신 접종', '올바른 손 씻기', '컨디션 관리', '적절한 습도', '유행 시기에는 사람이 많이 모인 곳을 피한다'라는 것을 실천하면 됩니다.

인플루엔자에 걸리면 '38도 이상의 갑작스러운 발열', '두통, 근육통, 관절통, 전신 권태감 등 전신 증상', '목 통증, 콧물, 기침' 등의 증상이 보이고 식욕 부진, 구토, 복통, 설사 등이 동반할 때도 있습니다. 참고로 인플루엔자 바이러스는 끊임없이 변이를 일으키기 때문에 해마다 새로운 유형 인플루엔자가 등장합니다.

인플루엔자 유형의 차이

유형	특징	주요 증상
A형	유행하기 쉽다. 조금씩 변이가 계속 진행된다.	고열, 목 통증, 코 막힘. 증상이 무겁다.
B형	A형만큼 유행이 잘 되지않는다. 변이가 잘 되지않는다.	복통, 설사 등 소화기 증상. A형보다 증상은 가볍다.
C형	영유아기에 감염된다.	감기 증상. 변이되지 않는다.

열을 내서 바이러스 증식을 억제한다

감기는 리노바이러스(코와 목 점막에서 증식), 코로나바이러스(코점막에서 증식), 아데노바이러스(목 점막에서 증식) 등이 목과 코의 세포에 감염되어 걸립니다.

증상으로 발열과 권태감, 구토, 기침, 재채기가 일어납니다.

이런 증상은 사실 몸이 바이러스에 정상으로 반응해서 원래 상태로 돌아가려 할 때 나타나는 것입니다. 자신의 몸이 적극적으로 대응한 결과기에 건강한 증거라고도 볼 수 있습니다.[2)]

바이러스는 높은 온도를 싫어합니다. 바이러스가 목이나 코에 감염되는 것은 그곳이 33~34도로 비교적 낮은 온도인 장소이기 때문입니다.

사람은 열이 나면 처음에는 추위를 느낍니다. 이것은 발열에 따른 것입니다. 발열해서 체온을 올려 바이러스 증식을 억제하는 것입니다.

그리고 면역계도 활발하게 활동합니다. 권태감은 억지로 안정을 취해서 몸이 열을 내거나 면역력이 높아지게 하는 유리한 성질입니다.

---

2) 도치나이 신이 지은 『진화로 본 질병』(고단샤 블루박스)을 참고했습니다.

구토와 기침, 재채기는 바이러스를 몸 바깥으로 배출하는 반응입니다. 하지만 대량의 바이러스가 튀어나가서 새로운 감염원이 되지 않게 주의가 필요합니다.

몸을 따뜻하게 하고 안정을 취하면 대부분 경우에는 며칠 만에 낫습니다. 감기 회복기에 종종 땀을 잔뜩 흘리는 것은 높아진 체온을 낮추기 위해서입니다. 땀을 흘리기 때문에 감기가 낫는 것이 아니라 몸이 회복되는 중이라서 땀을 흘리는 것입니다.

초기 증상이 감기처럼 보여도 인플루엔자인 경우도 당연히 있으니까 안정을 취해도 증상이 개선되지 않으면 의사에게 진료를 받아야 합니다.

감기에 항생물질은 듣지 않는다

항생물질은 세균이나 곰팡이에는 효과가 있지만 바이러스에는 효과가 없습니다.

다만 감기라고 진단되었는데도 항생물질을 처방할 때도 있습니다. 그것은 감기 증상의 진행으로 감기와는 관련이 없는 세균이 증식하는 것을 예방하는게 목적입니다.

무엇보다 최근에는 감기에 항생물질은 의미가 없다며 처방하지 않는 의사가 늘고 있습니다.

02

세균

항생물질은 남용하면 위험하다고?

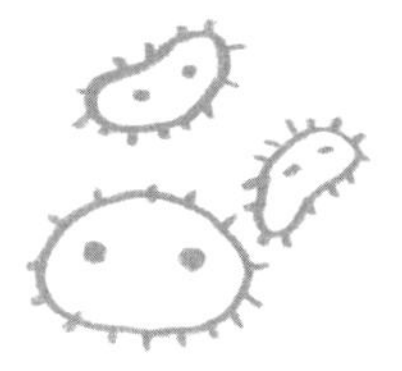

세균이라고 하면 바로 '유해균'을 연상하게 됩니다. 항균 용품도 잘 팔리고 있습니다. 하지만 우리는 세균 없이는 살아갈 수 없습니다. 도대체 세균이란 어떤 생물인 걸까요?

세균은 거의 해가 없다

'세균 없는 곳이 없다'라는 말을 들을 정도로 세균은 다양한 장소에서 살고 있습니다. 세균의 크기는 머리카락 두께보다도 작아서 세균 하나하나는 눈에 보이지 않습니다.

세균의 몸은 하나의 세포에서 생겨나서(단세포생물), 세포 안에 핵을 갖고 있지 않은 생물(원생생물)입니다. 하지만 세포 안에 핵을 갖고 있지 않아도 유전자 본체인 DNA는 있습니다. DNA가 핵막에 싸여 있지 않을 뿐입니다.

지구상에 처음으로 나타난 생물도 세균의 친구라고 추정합니다. 특히 땅속에는 많은 종류와 수의 세균이 있습니다.

대부분의 세균은 사람에게 해를 끼치지 않습니다. 일부 세균은 항생물질 등의 의약품이나 요구르트 같은 식품을 만드는 데 도움을 줍니다. 하지만 이질이나 결핵 등 병원균이 되어 사람에게 해를 끼치는 세균도 있습니다.

살균이나 항균을 지나치게 하는 것은 좋지 않다?

만약에 세균이 없으면 어떻게 될까요?

세균은 다양한 물질을 분해하고, 생태계 물질 순환에 빠질 수 없는 역할을 수행합니다. 그래서 세균이 없으면 지구상의 물질 순환이 중단되고 사람은 살아갈 수 없습니다.

요즘은 뭐든지 살균하는 쪽이 좋은 것 같은 '항균 붐'이 일어나고 있지만 원래 사람 몸에 사는 상재균이 없다면 건강한 생활은 곤란해질 것입니다.

세균도 자연계나 인체의 미묘한 균형을 위해 존재합니다. 따라서 그 균형을 무너뜨리지 않는 것이 중요합니다.

내성균의 무서움

세계 최초의 항생물질인 페니실린은 푸른곰팡이가 포도상 구균을 죽인다는 발견 덕분에 개발되었습니다.[1] 그 이후 항생물질은 지극히 평범한 약이 되어 인류를 괴롭혀 왔던 결핵과 페스트, 티푸스, 이질, 콜레라 등 전염병을 극복하는 것처럼 보였습니다.

그런데 인류가 안심했던 것도 잠시, 세균은 재빨리 역습했습니다. 항생물질이 듣지 않는 내성균이 출현했던 것입니다.

항생물질을 계속 사용하면 약에 대한 세균의 저항력이 높아져

1) 1928년에 영국의 알렉산더 플레밍이 발견했습니다. 이 공적을 인정받아 플레밍은 1945년에 노벨 생리학 · 의학상을 받았습니다.

약효가 듣지 않습니다. 이렇게 약에 대한 내성을 지닌 세균을 내성균이라고 합니다.

예를 들어 결핵은 2013년 자료에 따르면 세계에서 사망자 수가 에이즈(후천 면역 결핍증)에 이어 두 번째로 많아서 연간 900만 명이 결핵에 걸리고 150만 명이 결핵으로 사망한다고 합니다.

결핵으로 사망한 사람 중에 48만 명은 내성균 때문에 결핵에 걸렸다고 추정합니다. 일본에서도 1860년대부터 1940년대까지는 결핵으로 많은 사람이 사망했습니다. 그 후 스트렙토마이신 등 항생물질이 개발되어 국가 차원의 대책이 세워짐에 따라 사망자 수가 크게 줄어들었습니다.

세계 각국의 결핵 발병률

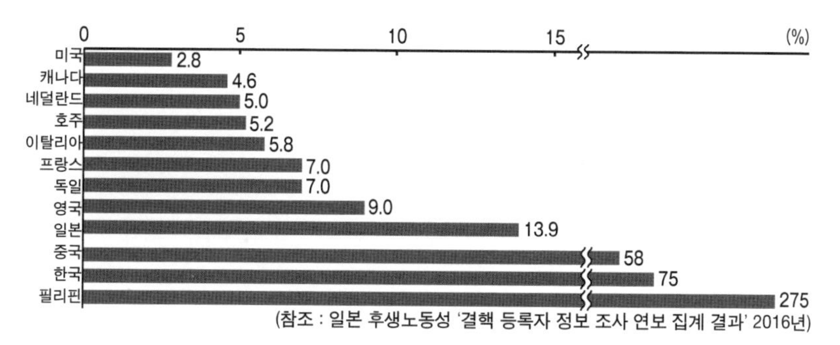

(참조 : 일본 후생노동성 '결핵 등록자 정보 조사 연보 집계 결과' 2016년)

내성균에 따른 결핵 발생과 확산은 굉장히 우려스럽습니다. 내성균이 생기는 원인 가운데 하나는 항생물질의 남용으로 추정합니다. 만약에 약효가 듣지 않는 결핵이 유행한다면 예전에는 죽을병이라고 불렸던 결핵의 재유행이 일어날지도 모릅니다.[2] 항생 물질을 적절하게 사용해야 합니다.

발효와 부패의 차이는 무엇일까?

세균도 살려고 영양분을 세포 안으로 집어넣고 쓸데없는 물질은 세포 바깥으로 배출합니다.

예를 들어 아세트산균의 배출 물질은 식초이고, 유산균 배출 물질은 젖산입니다. 그리고 어떤 장내 세균의 배출 물질은 암모니아, 유황 세균의 배출 물질은 유독한 황화수소입니다.

배출 물질이 사람에게 유익하면 발효라 하고 암모니아, 황화수소 등 사람에게 유해하면 부패라고 합니다. 그러니까 발효와 부패는 사람이 마음대로 분류한 방식에 지나지 않습니다.

---

2) 약제 내성은 내성이 없는 다른 세균으로 전달되고 그 세균도 약제 내성화됨으로써 계속해서 이어지게 되는 경우가 있습니다.

발효와 부패의 차이

식초, 낫토, 요구르트 등

부패한 쌀, 보리, 콩, 우유 등

03

곰팡이

독이 되기도 하고 맛있는 식재료가 된다고?

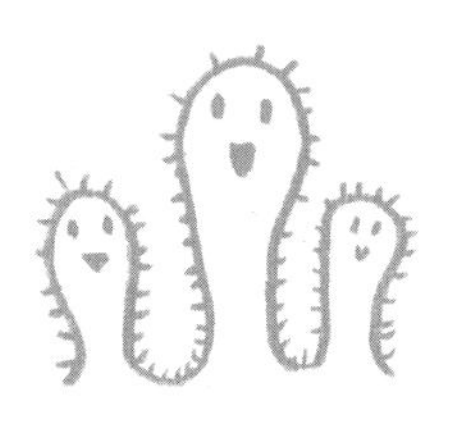

공기 중에는 곰팡이 포자가 수없이 많이 날아다니고 있습니다. 온도가 높고 습도가 많은 계절에는 식품과 의류, 물건 등에 곰팡이가 피어서 변질시키는 곤란한 존재였지만 유용한 곰팡이도 있습니다.

곰팡이와 버섯은 균류 친구

곰팡이는 버섯과 함께 스스로 분열한 포자로 증식하는 균류 친구입니다. 포자가 발아하면 균사라 불리는 가느다란 실 모양의 몸이 뻗어서 줄기가 갈라집니다. 성장한 곰팡이는 또 포자를 만들어서 동료를 늘여갑니다. 많은 균사가 모여들어서 커다랗고 눈에 띄는 자실체가 생기는 것이 버섯이고 그 외에 자실체가 없는 작은 것이 곰팡이입니다.

포자를 만들기 위한 기관이 '자실체'로 육안으로 보이는 정도 크기가 된 것이 버섯입니다. 균사 하나하나 크기는 몇 마이크로미터(천분의 1밀리미터)이기 때문에 육안으로는 거의 보이지 않습니다. 그리고 실 모양이 아닌 단세포인 것은 곰팡이와 구별해서 효모라 하는 경우가 있습니다.

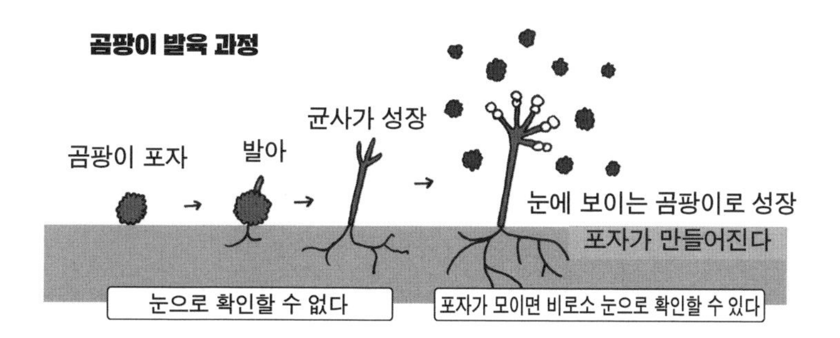

대부분의 균사는 굉장히 가느다래서 육안으로는 확인할 수 없어 곰팡이의 발생을 알아차리는 것은 균사 끝에 포자가 만들어지고 그곳에 색깔이 생겨 모여 있을 때입니다.

예를 들어 장마가 시작되고 여름이 되면 부엌의 음식이나 버려진 음식물 쓰레기에 분홍색 붉은떡곰팡이가 핍니다. 새해 떡에 생기는 적자색 곰팡이는 붉은곰팡이 종류로 독소는 배출하지 않습니다. 떡에 생기는 잿빛이 도는 초록색 곰팡이는 아스페르길루스 푸미가투스(Aspergillus fumigatus)입니다.

일반적으로 곰팡이가 좋아하는 환경은 온도가 20~30도, 습도가 60퍼센트를 넘었을 때입니다. 집 안에 곰팡이가 늘어나 포자가 수없이 많이 날아다니면 알레르기와 아토피, 천식, 폐렴 등 질병의 원인이 됩니다.

곰팡이와 버섯은 자연계에서는 유기물을 분해해서 무기물로 만드는 분해자로서 중요합니다. 살아 있는 생물체에서 유기물을 취하는 곰팡이, 생물의 사체나 사체를 분해하면서 생기는 유기물을 이용하는 곰팡이가 있습니다.

질병의 원인이 되는 곰팡이, 사람에게 유용한 곰팡이

곰팡이는 식물과 인체, 가축 등에 곰팡이 질환을 일으키고 의류,

식품, 건축물, 각종 공업 제품에 품질 저하를 불러옵니다.

무좀, 백선, 피부병의 원인은 곰팡이입니다. 피부와 점막, 온몸에 증상이 나타나는 칸디다증도 곰팡이가 원인입니다.

한편 사람에게 유용한 곰팡이도 있습니다. 푸른곰팡이의 포자 독소에서 항생물질인 페니실린이 만들어지고 푸른곰팡이를 이용한 치즈, 누룩곰팡이를 이용한 된장, 간장, 청주 등도 많이 만들어집니다.

좋든 싫든 곰팡이는 우리 생활에서 떼려야 뗄 수 없는 관계입니다.

04

상재균

똥이나 방귀 냄새가 구린 건 왜일까?

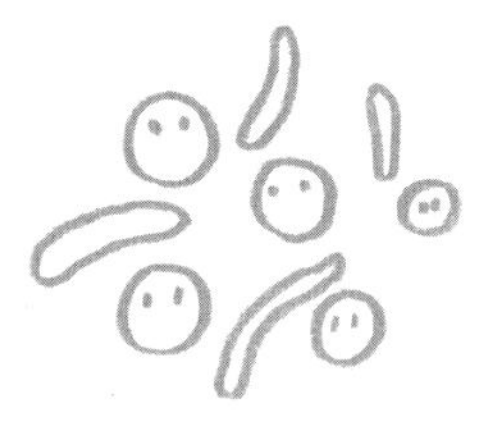

주로 건강한 사람의 신체에 일상적으로 달라붙은 세균을 상재균이라고 합니다. 장내에 많이 존재하고 입안이나 피부 표면에도 있습니다. 상재균은 어떤 작용을 하고 있을까요?

상재균은 장내에 100조 개가 있다

사람 몸에 있는 상재균 수는 방대해서 대장을 중심으로 장내에는 약 100조 개, 입안에는 약 100억 개, 피부에는 약 1조 개가 있다고 합니다.

상재균이 사는 주요 부위와 균의 수

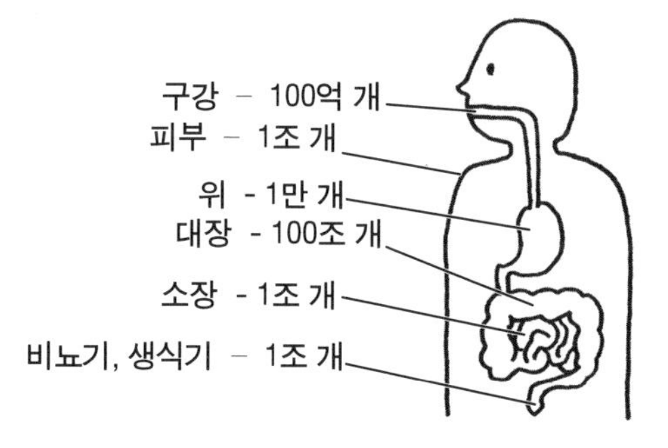

엄마 태내에 태아로 있는 동안에는 난막에 싸인 양수 안에서 완전한 무균 상태로 자라기 때문에 상재균은 없습니다.

하지만 아기가 태어날 때 산도를 지나가는 과정에서 엄마의 상재균 중 일부가 아기의 입과 코, 항문에 달라붙습니다. 이 세상에 얼굴을 내밀면 바로 옆에는 엄마의 엉덩이가 있고 엄마의 똥이 있어서 장내세균을 아기가 입으로 들이마시게 됩니다.

분만실 공기 중에는 의사, 간호사, 조산사, 입회인 등이 뀐 방귀와 함께 그들의 장내 세균도 떠돌아다니고 그것도 아기가 들이마시게 됩니다. 우리는 성장하는 과정에서 외부 세계에 있는 많은 균을 받아들입니다. 이렇게 많은 종류와 수의 상재균과 함께 살아갑니다.

피부를 아름답게 해주는 균

우리 피부는 많은 곳에는 1제곱센티미터당 10만 개 이상의 균이 존재합니다. 대표적인 피부 상재균인 표피 포도상 구균의 작용을 살펴보겠습니다.

표피 포도상 구균은 피지를 먹이로 삼아 분해해서 산을 만들어 피부 표면을 약산성으로 유지시킵니다. 그리고 피부 상재균의 균형이 맞는 상태에서 표피 포도상 구균은 병원균이나 곰팡이로부터 피부를 지켜줍니다. 피부가 촉촉하고 반들반들하다면 이 표피 포도상 구균이 건강하게 활동한다는 증거입니다.

하지만 피부트러블이 일어날 때도 있습니다. 평소에는 얌전하게 있는 균이 어떤 계기로 크게 증식합니다. 예를 들어 '화농'은 황색 포도상 구균의 소행입니다.

얼굴을 씻거나 하면 상재균이 떨어져 나가지만 평소 모공 안에 남아 있는 균이 바로 증식되고 30분에서 2시간 정도면 원래대로 돌아갑니다.

클렌징이나 세정제를 이용해 세안을 하면 알칼리성으로 기울어져 피부가 꺼칠꺼칠해집니다. 그렇게 하면 표피 포도상 구균 등이 살 수 없습니다. 상재균도 생각해 지나치게 깨끗하게 씻지 않는 것이 중요합니다.

똥은 무엇일까?

음식물은 소화기관 내에서 소화, 흡수됩니다.

흡수되지 못한 찌꺼기는 대장에서 수분이 흡수되고 항문을 통해 똥으로 나옵니다. 대장에는 대부분의 상재균이 달라붙어 살고 있습니다.

똥은 75퍼센트가 수분, 25퍼센트가 소화되지 않은 식이섬유와 장내 세균 등입니다. 수분이 아닌 25퍼센트 중에 약 3분의 1이 장내 세균입니다. 똥의 강렬한 냄새는 장내 세균의 작용으로 생긴 물질 때문에 나는 것입니다.

건강한 사람의 똥

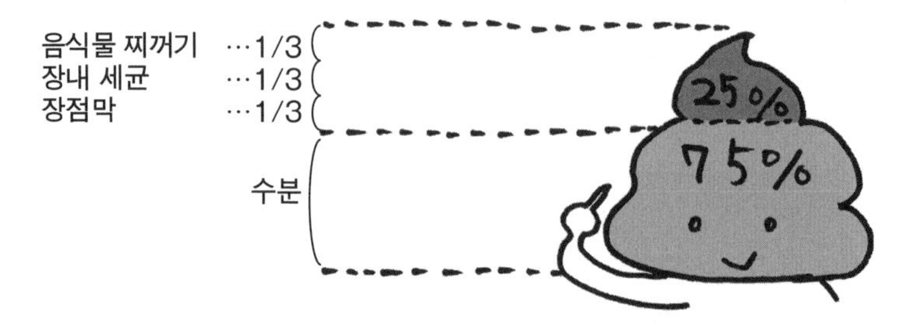

스트레스가 늘어나면 방귀 냄새가 지독해진다

똥을 누고 방귀를 뀌면 엉덩이에서 나온 장내 세균도 공기 중으로 흩어집니다. 하지만 방귀의 주성분인 질소, 수소, 이산화탄소 등은 냄새가 없습니다.

똥과 방귀 냄새의 원인은 대장 내의 유해균인 웰치균 등 단백질 분해균과 부패균이 생성하는 황화수소나 암모니아, 인돌, 스카톨 등 때문입니다.

단백질을 많이 포함하고 있는 고기나 생선을 잔뜩 먹으면 냄새 물질이 대량으로 생성됩니다.[1)]

---

1) 똥 연구자 벤노 요시미 씨는 하루에 고기 1.5킬로그램을 40일 동안 계속 먹었습니다. 하루도 밥과 채소, 과일을 입에 대지 않고 육식을 계속하면 유익균인 비피두스균이 감소하고 유해균인 클로스트리듐이 늘어나서 체취가 강해지고 똥도 매우 지독한 냄새를 풍기게 되었다고 합니다.

스트레스가 심하면 방귀 냄새가 지독해집니다. 위와 장 같은 소화기관은 피곤하거나 스트레스가 심하면 음식물을 제대로 소화하지 못합니다. 그렇게 되면 장내 세균의 균형이 무너지고 유익균이 줄어들고 유해균이 늘어납니다.

스트레스는 변비와 설사를 유발합니다. 변비에 걸리면 음식물이 오랜 시간 장내에 머물기 때문에 부패와 발효가 쉬워집니다.

똥과 방귀 냄새는 장내 세균의 상태를 확인하는 척도입니다.

05

사람의 기생충

요충은 사람에게만 있는 기생충이다.

극심한 복통이나 구토를 유발하는 기생충병은 생식 문화가 발달한 나라에서는 드문 일이 아닙니다. 자기도 모르는 사이에 기생충을 먹지 않기 위해서는 어떤 점을 알아두는 것이 좋을까요.

숙주 없이는 살아갈 수 없다

기생충은 사람이나 동물의 피부나 몸 안에 기생하며 음식물을 가로채는 생물을 말합니다. 기생의 대상이 되는 사람이나 동물을 숙주라고 하는데 기생충은 숙주 없이는 살아갈 수 없습니다. 기생충은 숙주에게 해를 끼치는 경우가 있고 이 감염증을 기생충병이라고 합니다.

제2차 세계대전 직후까지 일본은 기생충 감염률이 70~80퍼센트나 되어 '기생충 왕국'이라는 소리까지 들었습니다. 특히 요충과 회충이 대표적이었습니다.

하지만 지금은 기생충 감염률이 1퍼센트 이하로 크게 줄어들었습니다. 이것은 생선이나 채소로 인한 기생충 감염이 줄어들었기 때문입니다.

그리고 화학 비료의 보급으로 사람의 똥으로 비료를 하지 않게 되었고, 하수도 보급과 위생 환경 정비가 진행되고, 지금은 없지만 이전에 집단 채변 검사와 집단 구충제 복용이 보급된 것도 커다란 이유입니다.

사람한테만 기생하는 요충

기생충의 대부분이 소멸되는 중이지만 요충만큼은 아직까지도 높은 기생률을 유지하고 있습니다. 연령 별로 살펴보면 유치원이나 초등학생(5~10세)에게 5~10 퍼센트의 높은 기생률을 보이고 이 아이들의 부모 연령대인 30~40세에도 제2의 전성기를 맞습니다.

요충은 사람에게만 있는 기생충으로 성충은 대장 안 직장에서 생활합니다. 요충의 숙주는 사람뿐으로 반려동물이 감염되는 경우는 없습니다. 성충의 몸길이는 암컷이 8~13밀리미터, 수컷이 2~5밀리미터입니다. 입 안으로 들어가서 성충이 되고 암컷이 알을 낳을 때까지 약 한 달 정도가 걸립니다. 성충의 수명은 약 2개월입니다.

암컷은 한밤중에 항문에서 기어나와 항문 주위에 약 1만 개의 알을 낳습니다. 요충 알은 끈적끈적한 물질 때문에 피부에 달라붙어 있습니다. 그 끈적끈적한 물질과 더불어 암컷 요충이 항문 주위를 기어 다니기 때문에 간지럽게 느껴집니다. 알을 낳은 후 암컷 요충은 죽지만 알은 발육이 굉장히 빨리 되어 산란 후 4~6 시간만에 부화해서 감염력도 갖습니다.

항문 주위가 가려울 때 긁으면 기생충 알이 손에 묻고 그것이 입에 들어가서 요충에 감염됩니다. 그리고 속옷이나 시트, 침구 등에 묻거나 바닥에 떨어진 기생충 알은 2~3주 동안 살아 있다가 먼지나 부스러기와 함께 코와 입으로 들어옵니다. 그래서 가족끼리 지낼 때, 단체 생활을 할 때 기생충 감염이 일어나기 쉽습니다.

채변 검사로는 요충 발견이 어렵습니다. 요충이 알을 항문 바깥에 낳아서 알이 피부에 달라붙어 있기 때문입니다. 그래서 셀로판테이프 항문 주위 검사법으로 항문 주위에 묻은 요충 알을 셀로판테이프로 떼어내서 현미경으로 검사합니다. 요충 알이 발견되면 구충제를 먹어 없앱니다.

요충 이외에도 아직 회충 감염이 보고되고 있습니다. 화학 비료가 아닌, 사람이나 소, 돼지, 닭, 오리 등의 똥으로 만든 비료로 재배한 농산물의 경우 발효와 숙성이 불충분할 때 회충이 발견되는 것으로 추정됩니다.

아니사키스증 등 자꾸자꾸 새롭게 발견되는 기생충병도 있다

최근 식생활의 다양화와 반려동물 접촉으로 새로운 기생충병이 등장하고 있습니다. 예를 들어 고등어, 연어, 청어, 오징어, 정어리, 꽁치 등의 회에서 감염되는 아니사키스증, 매오징어 회, 살아 있는 뱅어나 새우를 초간장에 찍어먹어서 생기는 선미선충증, 미꾸라지를 날것으로 먹어서 생기는 악구충증, 고양이 똥으로 감염되는 톡소플라스마증, 강아지한테 전염되는 개회충증 등이 있습니다.

그중에서도 초밥이나 회 등 어패류를 날것으로 먹는 습관이 있는 일본에서는 다른 나라에 비해 아니사키스에 따른 소화기 감염증이 많아서 연간 500~1000건의 감염 사례가 발생한다고 합니다.

아니사키스증은 아니사키스가 사람의 위나 장벽에 침입함으로써 증상이 나타납니다. 아니사키스가 기생하는 어패류를 날것으로 먹고 나서 대부분 8시간 이내에 주로 극심한 복통이 일어나게 됩니다. 구역질이나 구토 등을 동반할 때도 있습니다.[1)]

감염 예방과 대책

기생충은 열에 약하다는 특징이 있습니다. 음식 재료를 '찌고 삶고 데치고 굽고 튀기는' 가열 방식으로 기생충을 사멸시킬 수 있습니다. 그리고 채소는 흐르는 물에 깨끗하게 씻으면 됩니다.

음식 재료의 냉동 처리도 효과적인 방법입니다. 예를 들어 아니

---

1) 아니사키스는 사람의 몸 안에서는 살아갈 수 없기 때문에 며칠만 지나면 통증이 사라집니다. 그리고 이 통증은 알레르기 때문에 생기는 것으로 추정됩니다.

사키스는 영하 20도에서 48시간 이상 냉동 저장하면 사멸된다고 합니다. 대부분 냉동식품은 안전하다고 할 수 있습니다.

자외선 살균도 효과 있는 방법이어서 도마 등 조리 기구는 직접 햇볕을 쪼여서 건조하면 좋습니다.

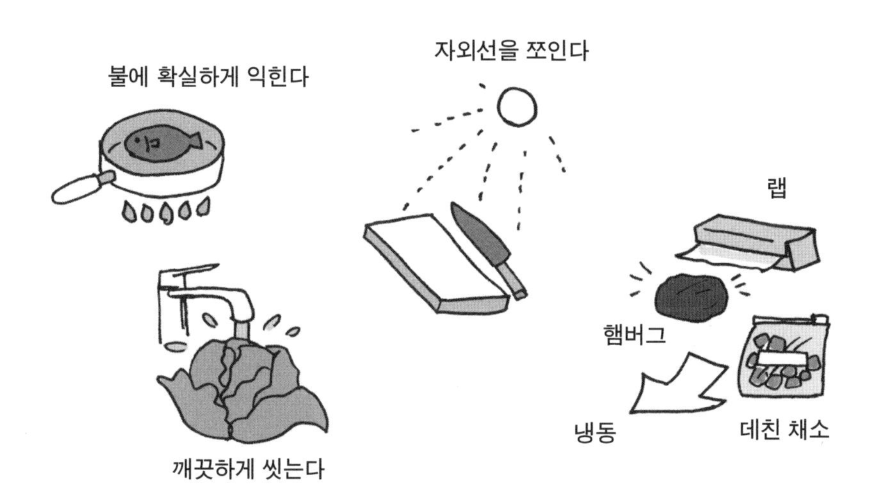

06

진드기

왜 이불 속에서 번식할까?

이불 속에 진드기가 잔뜩 있다고 이불 청소기가 있는 사람도 적지 않을 것입니다. 진드기는 눈 깜짝할 사이에 증식해서 2~3개월 동안 1만 마리에 달할 때도 있습니다.

거미와 비슷한 생물

사람 피를 빨거나 전염병을 옮기는 생물로 모기, 파리매, 벼룩, 이, 빈대, 진드기 등이 있습니다. 이중에 진드기만 다리가 8개 있는, 곤충이 아닌 절지동물입니다. 모기, 파리매, 벼룩, 이, 빈대는 곤충입니다. 진드기는 엄밀히 말해 거미에 가까운 생물로 사람의 피부에 기생해서 피를 빨아먹거나 특수한 질병을 옮깁니다.

사람한테 해를 끼치는 진드기

인체에 기생해서 해를 끼치는 진드기는, 극심한 가려움증을 유발시키는 개선충이 원인인 옴진드기, 집 안에서 사람을 물어서 가려움증을 유발시키는 집진드기, 발톱진드기, 진드기에 물려서 감염되는 바이러스 감염증인 중증 열성 혈소판 감소 증후군(SFTS), 야생토끼병, 일본 홍반열 등을 옮기는 참진드기, 쯔쯔가무시병을 옮기는 쯔쯔가무시(털진드기) 등이 있습니다.

집 안 먼지 속에 사는 진드기 중에 먼지진드기, 먼지진드기의 사체, 탈피 껍질 등이 알레르기성 기관지 천식이나 아토피성 피부염 원인이 됩니다.

참진드기에 물려서 중증 열성 혈소판 감소 증후군(SFTS)에 감염되어 사망하는 사람도 나오고 있습니다. 중증 열성 혈소판 감소 증후군은 바이러스로 인한 진드기 매개성 감염증으로 치사율은 6.3~30 퍼센트 정도입니다. 대증적인 치료 방법밖에 없고 효과적인 약제나 백신이 없는 질병으로 특히 동아시아 일대에서 맹위를 떨치고 있습니다.

진드기는 5만 종 이상이나 있다

진드기라는 이름이 붙어 있는 것만 전 세계에 약 5만 종이 있습니다. 실제로는 발견되지 않은 진드기 종이 몇 배는 더 있을 거라 추정합니다.

진드기가 생활하는 장소도 다양합니다. 동물에 빌붙어 사는 진드기는 털 사이에 들어가서 피부를 물어 피를 빨아먹는 진드기, 깃털이나 털을 갉는 진드기, 피부 밑에 파고들어 있는 진드기, 숙주에 기생하며 다른 곤충이나 진드기를 먹는 진드기 등이 있습니다.

식물에 빌붙어 사는 진드기는 나무즙을 빨아먹는 것, 잎사귀를 먹는 잎응애, 식물 위에 달라붙어서 다른 진드기나 작은 곤충을 잡아먹는 이리응애, 알뿌리에 달라붙어 있는 진드기가 있습니다.

그 밖에도 땅속에 살면서 낙엽 등을 먹는 은기문진드기, 땅속에 사는 작은 곤충을 잡아먹는 진드기, 마른 식품이나 곡물, 치즈, 초콜릿 등 저장식품이나 일본식 다다미에 발생하는 긴털가루진드기, 집 안의 먼지 속에 사는 먼지진드기, 이런 진드기를 잡아먹는 진드기, 물속에서 생활하는 진드기 등이 있습니다.

집 안에서 진드기의 번식을 막는 방법

카펫이나 이불 등 집 안에 있는 대부분의 진드기는 세로무늬집먼지진드기입니다. 일년 내내 진드기는 사람과 함께 살아가면서 비듬과 때를 먹으면서 증식합니다. 이 진드기는 사람을 물지 않습니다.

진드기는 60~80퍼센트의 습도를 좋아합니다. 55퍼센트 이하가 되면 살아갈 수 없다고 하지만 요즘 집은 연중 적정 온도가 20~30도를 유지하고, 겨울에도 가습기를 틀어서 습도가 떨어지는 일이 적어졌습니다. 세심하게 환기를 하는 등 대책을 세우고 습기가 차지 않도록 주의를 기울여야 합니다.[1)]

진드기가 알을 낳는 데 필요한 곳은 '기어들어가 있을 곳'입니다. 이불은 물론 카펫, 소파 같은 장소입니다. 그리고 가장 좋아하는 먹이는 비듬, 때, 머리카락 등입니다. 이불 속은 이런 먹이가 많고 습

---

1) 집 안에서 빨래를 말리는 것은 최대한 피하는 것이 좋겠습니다. 관엽식물 등도 습기의 온상이 되므로 주의할 필요가 있습니다.

기도 촉촉하기 때문에 아주 좋은 안식처가 됩니다.

특히 장마철부터 여름까지 진드기는 왕성하게 번식합니다. 진드기는 열에 약합니다. 햇볕에 말리거나 이불 건조기로 사멸시키고 청소기로 빨아들여서 알레르기의 원인이 되는 진드기 사체 등을 제거하는 것이 좋습니다.

경이로운 진드기의 성장 속도

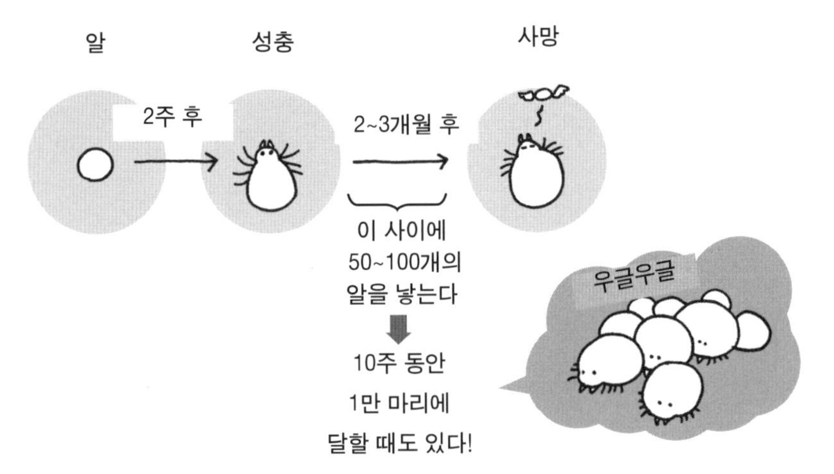

07

개미, 흰개미

개미는 벌의 친구, 그렇다면 흰개미는?

개미와 흰개미는 '개미'라는 이름이 붙어 있지만 같은 무리는 아닙니다. 붉은불개미는 독침이 있어서 화제가 되었는데 원래 개미는 벌의 친구라고 생각하면 이해하기 쉽습니다.

세심한 육아가 특징

같은 '개미'라는 이름이 붙어 있는 개미와 흰개미 이 두 종류는 공통점이 그다지 많지 않습니다. 가장 커다란 공통점은 '사회성 곤충'이라는 것입니다. 어미가 새끼를 살뜰하게 보살피고 새끼가 성장해도 공동생활을 하고 커다란 집단을 만드는 곤충 무리를 사회성 곤충이라고 합니다. 대부분 곤충이 알을 낳고 나서 그대로 두지만, 개미와 흰개미, 두 종류는 세심하게 육아를 합니다.

개미는 벌의 친구

개미 몸은 잘 살펴보면 벌과 똑같습니다. 개미는 '벌목 · 말벌상과 · 개미과'에 속하는 곤충으로 '날개 없는 벌'이라고도 할 수 있을 정도입니다. 벌은 벌침을 쏘는 이미지가 강하지만 실제로 벌침을 쏘는 벌은 말벌, 꿀벌, 꼬마쌍살벌 등으로 소수입니다.

벌침은 산란관으로, 벌침을 쏘는 것은 암컷 벌뿐입니다. 벌집을 지키기 위해 벌침을 쏘는 것이라서 단독으로 날아다니는 벌은 그다지 위험하지 않습니다.

개미는 완전 변태를 합니다. 알 → 유충 → 번데기 → 성충으로 변화하고 성충이 유충을 돌봐줍니다. 그런데 부모인 여왕개미와 수개미가 유충을 돌봐주는 것은 아닙니다.

성충에게는 각각 역할이 정해져 있습니다. 알을 전문적으로 낳는 여왕개미, 먹이를 찾고 유충을 돌봐주는 일개미, 외부의 적과 싸우는 병정개미, 그리고 여왕개미와 교미를 위해 태어난 수개미로 역할이 구분됩니다.

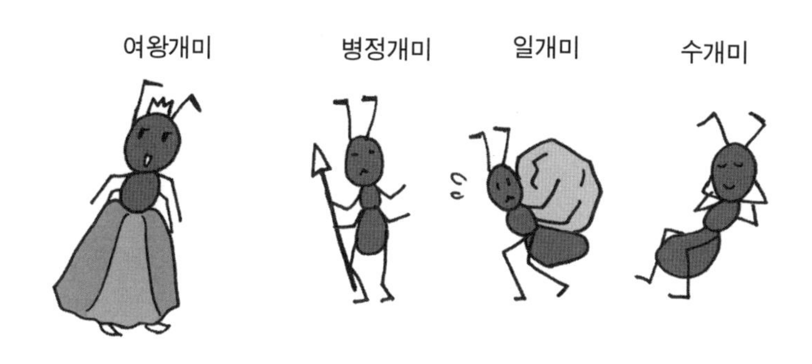

개미는 기본적으로 육식을 하지만 에너지원으로 진딧물이나 식물의 꿀을 빨아먹습니다. 진딧물의 꿀은 '감로'라고 하는데 정확히 말하면 진딧물의 배설물입니다. 개미의 행동을 보면 먹이가 있는 장소까지 줄지어 다니는 것을 알 수 있습니다. 길잡이 페로몬으로 일개미가 남긴 냄새 같은 것을 그대로 따라가는 것입니다.

곤충 관찰로 유명한 파브르도 개미 모습을 관찰했습니다. 당시에는 페로몬에 대해 이해가 없었기에 개미가 길을 기억해서 가는 것이 아닌가 여겼습니다.

개미집은 대부분 땅속 깊숙한 곳에 만들고 수많은 방으로 나누어서 생활합니다. 개미집 안은 캄캄하지만, 냄새 등으로 서로 연락하고 있는 것으로 추정합니다. 참고로 '개밋둑'은 개미가 아니라 흰개미가 만드는 것입니다.

흰개미는 바퀴벌레의 친구

흰개미는 '개미'라는 이름이 붙어 있지만 '바퀴벌레목 · 흰개미과'에 속하는 곤충으로 바퀴벌레의 친구입니다.

흰개미는 불완전 변태를 하고 개미와 다르게 유충도 성충도 비슷한 형태를 하고 있습니다.

개미와 흰개미가 크게 다른 부분은 이름의 근거가 되는 하얀 복부입니다. 특히 산란 전문인 여왕 흰개미의 복부는 비정상적으로 커서 알을 다량으로 계속 낳을 수 있습니다.

흰개미는 구멍을 뚫어 집을 만들어 살아갑니다. 흰개미가 주로 먹는 것은 나무입니다. 예를 들어 집 기둥 등도 태연하게 갉아 먹어서 사람에게 미움을 받습니다. 하지만 자연계에서 바라볼 때는 조금 다릅니다.

죽은 나무와 낙엽 등의 셀룰로오스라는 섬유를 먹어서 분해하고 다시 이용이 가능한 땅의 상태로 돌려놓습니다. 죽은 나무는 그대로 놔두면 좀처럼 분해되지 않지만, 흰개미의 활동으로 생태계가 유지되는 것입니다.

셀룰로오스는 천연 식물의 3분의 1을 차지하는 탄수화물로 지구상에 가장 많이 존재하는 탄수화물이기도 합니다. 흰개미의 분해 능력을 바이오 에탄올 생성 등으로 활용하는 연구도 이루어지고 있습니다.

또한, 흰개미의 천적 중 하나가 개미입니다. 참고로 개미는 곤충 중에서 굉장히 약한 부류로 바깥 공기나 햇볕을 쏘이는 것을 싫어합니다.

08

모기

사람 피를 빠는 것은 수컷과 암컷 어느 쪽일까?

모기가 귓가에 에엥 하고 날아다니거나 물려서 가려우면 불쾌한 기분이 듭니다. 무서운 병원체를 옮기는 등 언제나 사람에게 성가신 존재가 모기입니다.

왜 모기는 사람의 피를 빨까?

모기는 모기과에 속하는 곤충의 총칭입니다. 전 세계 약 2,500종이 있다고 알려져 있습니다. 그런데 그중에는 우리 생활 가까이에 살면서 물고 감염증을 옮기는 성가신 모기도 있습니다.

모기는 완전변태를 하는 생물로 알 → 유충(장구벌레) → 번데기 → 성충 순서로 자라납니다.

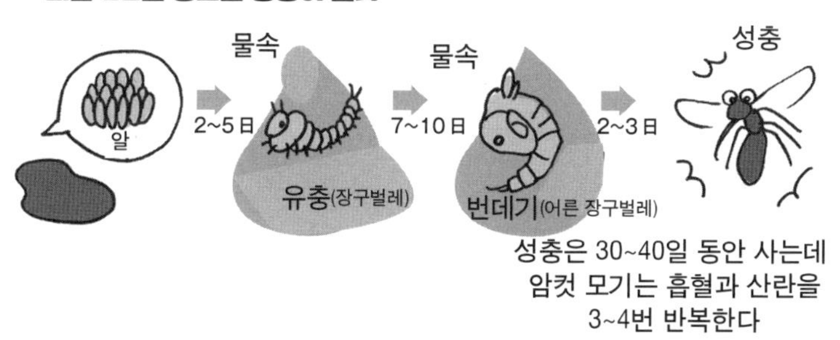

사람을 물어 피를 빨아 먹는 것은 암컷 모기로 수컷은 식물의 즙을 빨아 먹습니다. 암컷 모기가 흡혈하는 것은 알을 만드는 데 혈액의 영양분(주로 단백질)이 필요하기 때문입니다.

우리 몸은 작은 상처로 피가 나면 혈액 응고와 혈관 상처가 회복

하면서 조금 지나면 피가 멈춥니다. 하지만 이 지혈 작용으로 모기가 찌른 주둥이의 빨대 안에서 피가 굳어버려서 곤란해집니다. 주둥이의 빨대로 모기가 타액을 주입해서 혈액의 응고를 억제하는 것입니다.

피를 빠는 모기는 사람이 내뱉는 이산화탄소를 감지하고 다가옵니다.

사람 가까이에 다가온 모기는 피부에서 내뿜는 냄새와 체온, 습기 등을 촉각으로 파악하고, 겹눈으로 색깔, 형태, 움직임을 확인하면서 공격합니다.

모기에게 물리면 가려운 이유는 모기가 주입한 타액 속의 단백질이 사람에게는 다른 종류의 단백질이기 때문입니다. 그러니까 가려움증은 일종의 알레르기 반응으로 나타나는 것입니다.

가려움증의 원인은 알레르기 반응으로 피부 세포에서 히스타민이라는 성분이 방출되어 가려움을 느끼는 신경을 자극해서 생기는 것입니다. 가려움증을 멎게 하는 약에는 히스타민의 작용을 억제하는 항히스타민 성분이 배합되어 있습니다. 한편 가려움을 느끼는 신경은 내장에는 없습니다.

에엥 하는 날갯소리는 어떻게 나는 건가?

모기와 벌의 날갯소리는 다릅니다. 이것은 1초 동안 날개를 파닥거리는 회수가 다르기 때문입니다.

소리를 내는 물체가 1초 동안 진동하는 수를 진동수라고 하고 헤르츠라는 단위로 표시됩니다. 소리 높이는 소리를 내는 물체의 진동회수가 클수록 높아집니다.

모기는 1초 동안 약 500번 날개를 파닥거리기 때문에 그 소리는 약 500헤르츠입니다. 한편 벌은 1초 동안 약 200번 날개를 파닥거리기 때문에 그 소리는 약 200헤르츠 진동수가 됩니다.

모기와 벌 중에 모기 쪽이 진동수가 더 많아서 날갯짓이 높은 소리가 되어 에엥 하는 특유의 소리를 냅니다.

전 세계에서 가장 사람을 많이 죽이는 생물

모기는 감염증을 옮깁니다. 전 세계적으로 모기가 옮기는 감염증으로 연간 약 75만 명이 목숨을 잃는 것으로 추정합니다. 모기는 '전 세계에서 가장 사람을 많이 죽이는 생물'인 것입니다.

그중에서도 가장 많은 희생자를 내는 것이 말라리아입니다.

말라리아 병원체는 '말라리아 원충'입니다. 사람을 포함해서 척추동물의 적혈구 안에 기생하다가 학질모기가 말라리아 원충을 다른 동물에 옮깁니다.

일찍이 일본에서도 말라리아가 유행해서 많은 사람이 죽었습니다. 예를 들어 제2차 세계대전 때 오키나와현 하테루마 섬에서 이리오모테 섬으로 강제로 피난시켰던 주민 1,671명 중 552명이 말라리아 감염으로 목숨을 잃었습니다. 이리오모테 섬은 당시 말라리아 유행지였습니다. 모기 기피제 성분 '디이이티(Deet)'는 제2차 세계대전 중 정글전 경험에서 얻은 결과를 미국 육군이 전후에 개발한 것입니다.

현재 일본의 말라리아 원충은 근절되었습니다. 하지만 2015년에 전 세계에서 말라리아에 감염된 환자수는 2억 1,200만 명, 사망자 수는 42만 명이 넘는다고 추정합니다.

2016년, 세계 보건 기구(WHO) 발표에 따르면 사하라 사막 이남의 아프리카에 있는 약 13개국에서 전 세계 말라리아 환자의 76퍼센트, 사망자의 75퍼센트가 발생하고 있습니다.

말라리아 이외에도 열대집모기, 토고숲모기가 옮기는 상피병[1], 열대숲모기, 흰줄숲모기가 옮기는 뎅기열, 황열이 있습니다.

현재 이런 질병은 열대, 아열대 지방에 많지만 지구 온난화와 세

---

1) 상피병은 사상충이 사람에 기생해서 발생하는 후유증 중 하나로 피부와 피하조직이 눈에 띄게 증식하고 딱딱해져서 코끼리 같은 피부 모양이 됩니다. 일본에서도 1600~1800년대에 널리 퍼졌고 정치가 사이고 다카모리는 만년에 음낭이 사람의 머리 크기처럼 부풀어 올랐다고 합니다.

계화 진행으로 해외에서 감염되는 일본인이 늘어나고 이런 경로로 일본에서 유행할 위험도 있습니다.

예를 들어 2014년 여름에는 약 70년 만에 뎅기열이 유행해서 일본에서 150명 이상의 환자가 발생했습니다. 이때 최초로 확인된 환자는 도쿄 요요기 공원에서 흰줄숲모기에 물려서 감염된 여학생이었습니다.

09

파리

왜 파리를 잡는 게 어려울까?

파리의 움직임은 굉장히 빨라서 좀처럼 잡기가 어렵습니다. 파리는 손을 비비는 듯한 행동을 보이는 특징이 있습니다. 똥이 있는 곳에는 반드시 꼬이는 불결한 이미지가 강한 생물입니다.

손발이 아주 예민하다

파리는 다리에도 맛이나 냄새를 느끼는 기관이 있습니다. 입뿐만 아니라 다리로 음식물을 잡기만 해도 미각을 느낄 수 있는 것입니다. 파리 다리에서는 끈끈한 액체가 나온다고 합니다. 그래서 천장과 유리 등에도 붙어 있을 수 있습니다.

파리 다리는 굉장히 예민해서 먼지 등이 묻어 있으면 그 기능을 제대로 발휘할 수 없습니다. 그래서 확실히 관리해줄 필요가 있고 그 모습이 '손을 비비는 듯한 행동'으로 보이는 것입니다. 원래 파리를 의미하는 한자 '파리 승(蠅)'자는 '마치 새끼(繩)를 꼬는 모습과 같다'라는 점 때문에 만들어졌다는 설도 있습니다.

파리채를 내리치는 것이 슬로모션으로 보인다

파리는 마치 사람의 행동을 예측하는 듯한 재빠른 움직임을 보이는 특징이 있습니다. 이 점에 대해 '시간 감각이 사람과 다른 것이 아닌가'라고 지적하는 연구자가 있습니다.

점멸하고 있는 빛을 파리가 어느 정도 속도까지 인식하고 있는지 조사한 실험이 있습니다. 사람은 1초 동안 45번 정도의 점멸까지 '점멸하는 것'을 볼 수 있지만 50~60번이 되면 점멸을 인식하지 못합니다. 그런데 파리는 250번까지 점멸하는 것을 볼 수 있다고 합니다.

이렇게 높은 빈도로 점멸하는 빛을 확인할 수 있는 한계 빈도치를 '플리커 수치'라고 합니다. 눈의 피로와 시신경의 감도를 측정해서 시신경 질환을 조절할 때도 사용됩니다.

요컨대 우리가 파리를 노리고 재빨리 내리친 파리채의 움직임은 파리에게 마치 슬로모션처럼 보인다는 것입니다.

아슬아슬한 곡예비행 기술

파리의 반응 속도는 엄청 빨라서 위협을 발견하면 겨우 100분의 1초 사이에 '도망치는 방향을 결정하고 그 방향과 반대쪽으로 다리를 두고 점프한다'라고 합니다. 또한 자신의 등 뒤까지 360도 다 둘러보는 시야각을 갖고 있습니다.

파리는 1초 동안 200번 날개를 파닥거릴 수 있고 날아가는 방향을 전환할 때도 겨우 날갯짓 1번으로 끝낸다는 사실도 판명되었습니다. 그래서 파리채로 파리가 지금 있는 장소를 내리치면 파리를 잡기 어려운 것입니다. 파리의 움직임을 예측해서 파리채로 내리쳐야 합니다.

왜 똥에 파리가 꼬일까?

파리는 입에서 나온 소화액으로 음식물을 녹이고 그것을 핥아서 섭취합니다. 꽃의 꿀과 과일, 똥, 죽은 동물 고기 등 파리는 뭐든지 다 먹습니다. 똥에는 단백질과 당분, 수분 등 파리가 필요로 하는 영양분이 잔뜩 남아 있습니다. 알에서 깨어나 성충이 될 때까지 별로 이동을 하지 않습니다. 요컨대 똥은 파리가 성충이 될 때까지 영양을 계속 섭취하는 장소로 가장 적당하다고 할 수 있습니다.

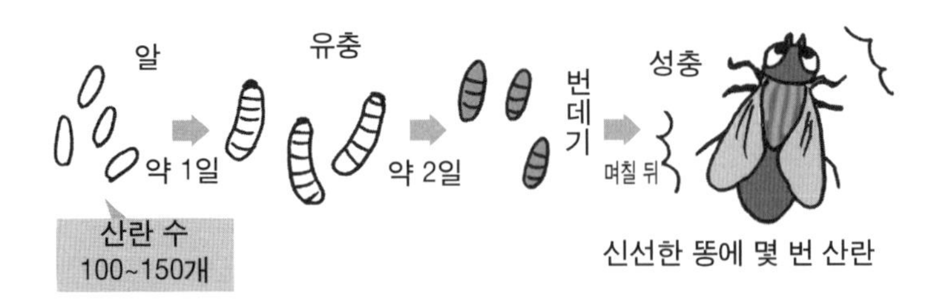

파리는 다양한 병원균도 옮깁니다. 파리는 음식물이나 배설물과 많이 접촉하기 때문입니다. O-157 등 대장균, 살모넬라균, 설사균 등 60종 이상을 파리가 옮긴다고 합니다.[1)]

1) 파리 중에서 가장 사람과 가까이에 있는 것이 집파리로 건물 안으로 침입하는 성질이 강합니다. 집파리는 세상에서 가장 널리 분포하는데 배설물이나 썩은 음식물을 좋아하고 많은 감염증을 옮깁니다. 파리를 발견하면 살충제를 적극적으로 활용하도록 합시다.

10

거미

집에서 발견하는 거미는 거미줄을 치지 않는다?

'거미를 죽여서는 안 된다'라는 말을 들어본 적이 있나요? 집에서 종종 발견하는 거미는 여러 가지 해충을 잡아먹고 거미줄도 치지 않습니다. 겉모습 때문에 오해를 받지만, 상당히 사랑스러운 존재입니다.

거미는 사람에게 대부분 '익충'

독을 지닌 거미를 제외하고 대부분 거미는 해롭지 않습니다. 해충을 잡아먹기 때문에 거미는 익충이라는 말을 듣습니다.[1] 거미가 있다는 말은, 거미가 먹이로 삼는 해충이 있다는 뜻으로 먹이가 사라지면 자연스럽게 거미도 사라집니다.

거미줄을 치지 않는 거미

거미라고 하면 거미집인 거미줄이 떠오를 것입니다. 그런데 거미줄을 치지 않는 거미도 있습니다. 여기저기 기웃기웃 돌아다니는 거미, 땅속에서 생활하는 거미 등이 있습니다. 거미줄을 치는 거미와 거미줄을 치지 않는 거미의 비율은 약 반반으로 나누어집니다.

집 안에서 종종 보는 거미는 까맣고 작은 깡충거미와 다리가 긴 농발거미로 둘 다 거미줄을 치지 않습니다. 깡충거미는 두 개의 커다란 눈이 돋보이는 1센티미터가 안 되는 작은 거미입니다. 깡충거미의 먹이는 날파리, 진드기, 바퀴벌레 새끼 등입니다. 깡충거미는 얌전해서 사람에게 해를 끼치는 일도 없습니다.[2]

---

1) 익충은 사람의 생활에 도움이 되는 곤충 등을 가리키고, 반대가 해충입니다.

2) 깡충거미의 영문명은 'jumping spider'로 아장아장 걷다가 폴짝폴짝 뛰는 것이 특징입니다.

자신의 거미줄에 걸리지 않는 이유

우리 주위에는 거미줄이 많이 있습니다. 거미집인 거미줄은 곤충 등 먹잇감을 잡는 올가미인데 거미 자신은 왜 거미줄에 걸리지 않을까요? 모든 거미줄이 다 끈끈한 성질이 있는 것은 아닙니다. 거미가 거미줄을 칠 때 먼저 중심에서 방사상으로 뻗는 세로줄을 칩니다. 그렇게 세로줄을 다 치고 나서 소용돌이 모양으로 가로줄을 쳐갑니다.

이 가로줄에는 끈적끈적한 점액 방울이 잔뜩 달려 있습니다. 발판으로 쳐놓은 세로줄에는 점액이 묻어 있지 않기 때문에 거미가 밟고 걸어 다녀도 자기 거미줄에 걸리지 않습니다. 거미는 세로줄을 잘 피해서 걸어 다니기 때문입니다.

거미는 세로줄과 가로줄 이외에도 생명을 지탱하는 줄, 알을 감싸는 줄, 먹잇감을 감싸는 줄 등도 뽑아냅니다. 거미는 여러 가지 줄을 잘 구분해서 거미줄을 칩니다.

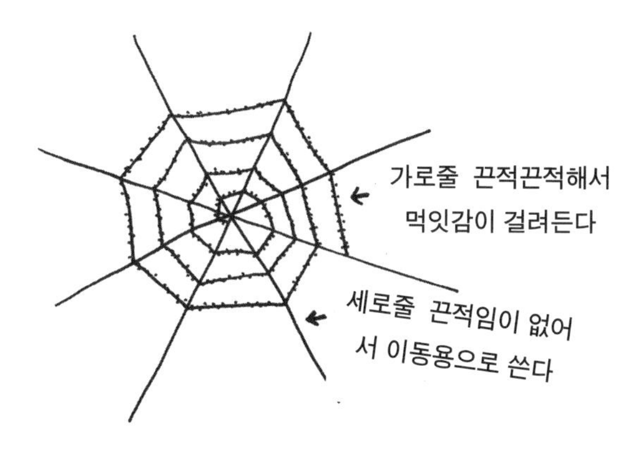

참고로 거미줄의 강도는 방탄조끼에 쓰는 아라미드 섬유보다도 몇십 배 더 강하다는 점이 놀랍습니다. 아라미드 섬유는 강도, 방탄, 불에 잘 타지 않는 성질, 내약품성이 우수해서 자동차 브레이크 패드, 해저 광섬유 보강제, 소방용 방화복 등 다양한 용도로 쓰이고 있습니다.

거미는 곤충이 아니다

거미 몸은 두흉부와 복부, 두 가지 부분으로 나누어집니다. 두부, 흉부, 복부, 세 가지로 나누어지는 곤충과 크게 다릅니다.

그리고 거미는 긴 4쌍의 다리와 8개의 홑눈을 가진 특징이 있습니다. 거미는 날개와 촉각, 겹눈은 없습니다.

거미 몸의 구조

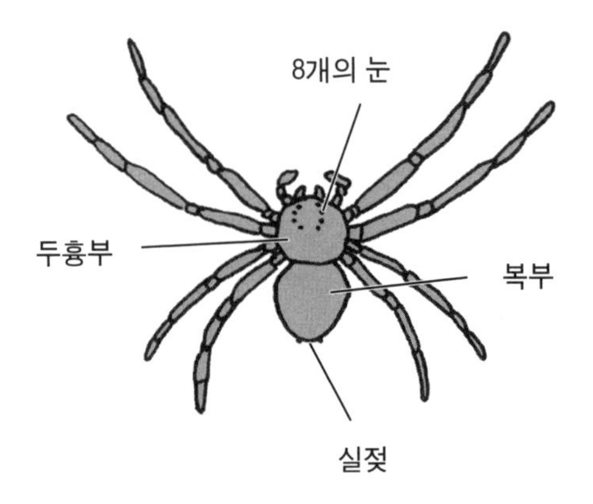

거미는 전 세계에 4만 종 정도가 살고 있습니다. 거미는 실을 배 끝에 있는 '실젖'에서 뽑습니다. 배에서 실을 뽑아내는 생물은 거미 말고는 없는 것으로 알려져 있습니다.

거미는 몸의 중심에 등뼈가 없는 무척추동물 중에 곤충, 진드기, 지네, 공벌레, 게, 새우 등과 마찬가지로 다리와 관절, 골격을 가진 절지동물에 속합니다.

거미 몸의 표면은 단단한 껍질(외골격)로 덮여 있어서 몸에서 수분이 증발하는 것을 방지하고 있습니다.

11

바퀴벌레

3억년 전부터 변하지 않는 '살아 있는 화석'?

바퀴벌레를 보는 순간 혐오감을 느끼는 사람이 많이 있을 것입니다. 바퀴벌레의 모습과 형태는 공룡이 나타나기 전의 모습과 달라지지 않고, 일부는 기원전 13000년부터 사람과 함께 살고 있습니다.

모습과 형태가 달라지지 않은 생물

평소 기피를 당하고 미움을 받는 바퀴벌레는 바퀴벌레목 중 흰개미를 제외한 총칭입니다. 몸은 편평하고 폭이 넓은 타원형이고 대부분 기름기 도는 광택 있는 갈색 또는 흑갈색을 띠고 있습니다.

전 세계 약 4000종이 있다고 알려져있습니다. 바퀴벌레는 주로 열대와 아열대 지역에 있습니다.

바퀴벌레는 적어도 3억 4천만년전 고생대 석탄기 지층에서 화석으로 발견되고 있습니다. '고생대'는 지질시대 구분 중 하나로 공룡이 나타나기 전의 시대입니다. 그 화석에 있는 바퀴벌레와 지금 바퀴벌레 모습과 형태가 거의 변함이 없습니다. 요컨대 바퀴벌레는 '살아 있는 화석'인 것입니다.

대부분 바퀴벌레는 숲속 깊은 곳에서 살면서 식물의 썩은 부분, 수액, 썩은 나무를 먹으며 살아가고 있습니다. 분해자로서 바퀴벌레는 삼림생태계에서 중요한 역할을 합니다. 그 바퀴벌레 일부가 2만년전 정도부터 사람 가까이서 생활하고 있습니다.

나무 그릇도 먹고 뭐든 갉아 먹는다

바퀴벌레는 물건을 잘 갉아 먹습니다. 한국에는 산바퀴, 먹바퀴 등 10여종이 알려져 있습니다.

집 안에 침입해서 번식하는 바퀴벌레는 전체 1퍼센트 정도밖에 안 됩니다.

주로 밤에 활동을 합니다. 뭐든지 다 갉아 먹습니다. 먹바퀴는 식품에 해를 끼치고 전염병을 옮깁니다.

아무튼, 청결하게 할 것

바퀴벌레의 침입을 막으려면 먼저 바퀴벌레가 들락날락할 것 같은 틈이 생기지 않게 합니다. 또한 식품 등을 방치말고 음식물 쓰레기 등은 반드시 뚜껑이 있는 통에 넣어 밀폐합니다.

어둡거나 따뜻한 장소를 좋아해서 바퀴벌레가 전기 제품 안에 들어갈 때도 있습니다. 바퀴벌레를 없애는 다양한 약제를 잘 활용 바랍니다.

음식물 쓰레기,
먹고 남은 것을
방치하지 않는다

쓰레기는 뚜껑을
꼭 닫거나
잘 묶어 놓는다

가전제품 뒤쪽이나 아래쪽 등도
꼼꼼하게 청소한다

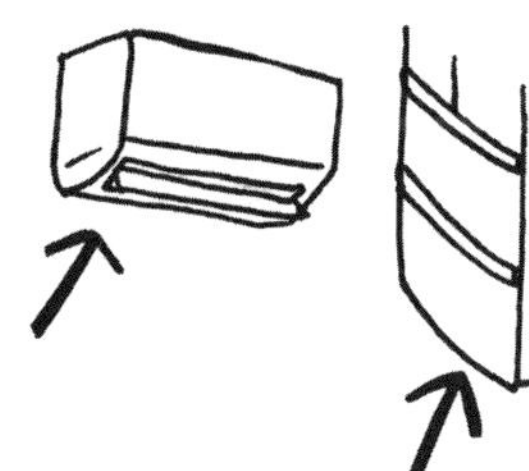

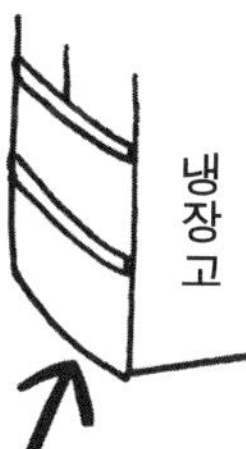

12

금붕어

금붕어는 야생에서 존재하지 않는다?

집이나 사무실 어항에서 금붕어를 볼 수 있는데 원래 금붕어는 야생에 존재하지 않습니다. 왜 그럴까요?

붕어의 돌연변이종

금붕어 중에는 빨간색, 검은색, 흰색까지 다양한 색깔이 조합된 종류가 있습니다. 하지만 알에서 깨고 나온 붕어의 치어는 모든 종류가 다 새까맣습니다.

금붕어는 원래 붕어의 돌연변이종으로 사람이 다양하게 개량해서 많은 품종을 만들어낸 관상어입니다. 자라면서 금붕어와 붕어의 모습이 완전히 달라지지만 둘 다 학명은 같습니다.

성장하면 상당히 커진다

금붕어는 잘 키우면 크게 성장해서 30센티미터나 됩니다. 하지만 물에 넣어두기만 해서는 수질 악화를 피할 수 없어 자갈을 넣은 여과 장치가 필요합니다. 금붕어는 변온동물이기 때문에 20~28도 정도의 범위를 유지하면 가장 활동적이게 됩니다.[1] 중요한 것은 사람의 손으로 금붕어를 만지지 않는 것입니다. 36도 전후의 사람 체온은 어류에게는 부담이 됩니다.

---

1) 변온동물은 주위의 기온과 수온에 따라 체온이 변화하는 생물입니다. 사람은 항온동물로 주위 환경에 그다지 영향을 받지 않습니다.

다양한 종류의 금붕어

원래 붕어와 금붕어는 유전적 변이가 일어나기 쉽고 그 특징을 살려서 관상용으로 교배를 거듭해 왔습니다.

붕어의 체형을 비교적 유지하고 있는 화금붕어 외에 매듭꼬리 체형의 유금붕어, 안구가 돌출한 툭눈붕어 등이 일반적입니다. 등 지느러미가 없어지고 머리 쪽에 수포모양의 혹이 생긴 난금붕어, 눈 주변에 혹이 있는 수포안 등 정말로 아주 많은 품종이 교배되어 탄생한 것입니다.

하지만 품종 개량에 따라 탄생한 금붕어 종류는 자연계에서 압도적으로 불리한 경우가 많아서 도태됩니다. 따라서 금붕어 계통을 유지하기 위해 철저히 관리되고 있습니다.

질병에 약하다

금붕어도 질병에 걸립니다. 자연계에서는 그다지 커다란 문제가 되지 않는 것도, 좁은 환경에서 살아가는 어항 안의 물고기에게는 상당히 심각한 타격이 됩니다. 곰팡이나 섬모충 등 질병 원인은 여러 종류가 있어서 주의가 필요합니다.

13

거북이

오래 사는 비결은 어디에 있을까?

어쩐지 느긋하게 생활하는 것처럼 보이는 거북이. '학은 천년, 거북이는 만년'이라는 말도 있는데 정말로 거북이는 수명이 길까요?

2억 년 전부터 등딱지를 지고 있다

거북이는 2억 년 이상도 훨씬 전[1] 부터 살면서 대부분 그 모습이 변하지 않은 파충 생물입니다. 거북이는 바닷물, 민물, 땅 등 다양한 곳에서 살고 있습니다. 기본적인 몸 형태는 모든 거북이가 비슷하고, 등딱지가 있는 것이 특징입니다. 등딱지는 태어났을 때부터 있고 등뼈가 등딱지와 하나로 붙어 있습니다. 등뼈가 있는 동물을 척추동물이라고 합니다. 등뼈와 하나로 붙어있는 등딱지는 자라 요리점 등에 가면 볼 수 있습니다.

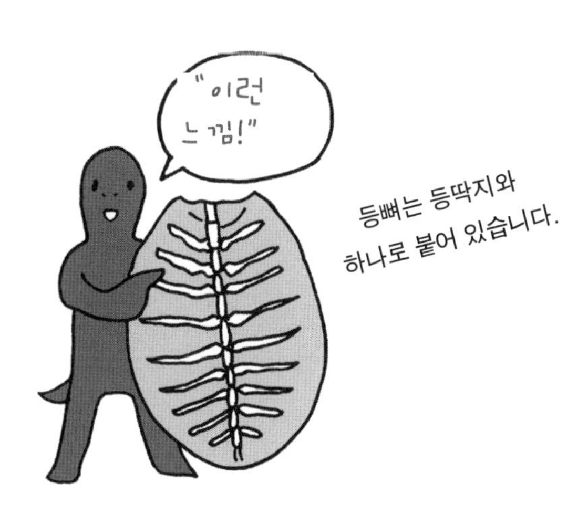

1) 중생대 트라이아스기라고 불리는 지질시대에 공룡이 탄생했던 무렵과 겹칩니다.

거북이는 폐호흡을 하기에 예를 들어 수중 생활을 하는 바다거북이라도 반드시 수면에 얼굴을 내밀고 호흡을 합니다. 바다거북은 산란 장면이 유명합니다. 알은 탁구공처럼 동그랗고 하얀 껍질로 싸여 있습니다. 조류의 알과 달리 껍질은 부드럽고 탄력이 있습니다. 한편 자라의 알 등은 단단한 껍질로 싸여 있습니다.

무엇보다도 거북이는 지구력이 있어서 물속에서 활발하게 활동해도 1시간, 자고 있거나 얌전하게 있을 때는 3시간 정도 숨을 참아도 아무 문제가 없습니다.

폐는 등딱지 안쪽에 붙어 있어서 공기가 들어가면 부레처럼 작용합니다.

매년 탈피를 거듭한다

파충류 무리는 몸 표면이 비늘로 되어 있는데 거북이는 등딱지 한 장, 한 장이 비늘에 해당합니다. 탈피를 하면서 성장하기에 작아진 껍데기를 벗어 버리는 곤충 등과 비슷합니다. 등딱지 비늘은 한 장씩 순서대로 벗겨집니다.

예를 들어 반려동물로서 친숙한 붉은귀거북은 본명이 미시시피붉은귀거북으로 잡식성이고 성장하면 20센티미터가 넘습니다. 새끼 거북이 시절에는 500엔짜리 동전 정도 크기로 귀엽지만 자라면 엄청나게 커져서 나중에는 특정 외래종으로 지정될 가능성이 높아 사육은 권하지 않습니다.

키우려면 각오가 필요하다

거북이는 장수의 상징입니다. 정확하게 사육 기록이 남아 있는 거북이 중에 가장 오래 산 거북이는 152세입니다.

거북이가 오래 사는 이유는 대사의 주기가 여유롭기 때문이라고 추정합니다. 여름이나 겨울에는 그다지 몸을 움직이지 않고 불필요한 에너지 소비를 억제해서 한가롭게 생활하는 것이 영향을 줄 것입니다. 물론 모든 거북이가 그 정도로 오래 사는 것은 아니지만 반려동물로 기르려면 나름대로 각오가 필요합니다.

14

햄스터

하루에 달리는 거리는 몇십 킬로미터?

반려동물로 인기 있는 햄스터. 하지만 야생 햄스터는 멸종 위기종입니다. 어떻게 그런 일이 일어나고 있는 걸까요?

쳇바퀴가 필요한 이유

야생 햄스터는 동유럽과 중동, 카자흐스탄, 몽골, 중국 등 유라시아 대륙 각지에서 살고 있습니다. 햄스터는 추운 지역에서 살고 겨울잠을 잡니다. 너무 더운 것은 싫어해서 무더울 때는 서늘한 동굴에 들어가서 삽니다.

일반적인 햄스터 종은 골든햄스터(시리아햄스터)로 수명은 2~4년입니다.

햄스터는 땅속에 구멍을 뚫고 몇 개의 방을 만들어서 생활합니다. 몸집이 작기 때문에 외부에 있는 수많은 적이 햄스터를 노립니다. 그래서 햄스터는 주로 밤에 활동하는 야행성 동물이 되었습니다. 햄스터는 먹이를 볼주머니에 저장해서 동굴로 돌아갑니다. 햄스터의 먹이는 나무 열매나 과일 등입니다.

반려동물로 기른다면 온도 관리를 철저히 해주지 않으면 겨울잠을 자려해서 곤란할 수도 있으므로 주의해야 합니다.

야생 햄스터는 먹이를 찾아서 하루에 몇십 킬로미터를 뛰어다닙니다. 햄스터를 기를 때 쳇바퀴가 꼭 필요한 것은 이런 이유 때문입니다.

번식하기 쉽지만, 멸종 위기종

햄스터는 번식하기 쉬운 동물입니다. 자연계 속에서는 번식기가 있지만, 집에서 기르는 햄스터는 온도 조건만 맞으면 언제나 번식합니다. 햄스터는 한 번에 10마리 정도 새끼를 낳습니다.

하지만 햄스터를 잡아먹는 동물이 많고, 생육 환경이 줄어들어서 햄스터가 왕성한 번식력을 갖고 있어도 자연에서 살아가기가 좀처럼 쉽지 않습니다.

귀엽고 시끄럽게 울지 않고 산책도 필요 없고 사료비도 그다지 들지 않기 때문에 반려동물로서 햄스터는 인기가 있습니다.

지금 반려동물이 된 햄스터는 1930년에 시리아에서 포획된 암컷 한 마리가 낳은 12마리 새끼 햄스터가 전 세계적으로 퍼진 것입니다. 현존하는 골든햄스터는 모두 그들의 자손이라고 합니다.

햄스터는 목욕을 시켜서는 안 된다

햄스터를 반려동물로 기를 때 해서는 안 되는 것이 '목욕을 시키는 것'입니다. 원래 햄스터가 살던 곳은 건조지대입니다. 햄스터는 습기를 굉장히 싫어합니다. 그리고 헤엄을 칠 줄 모릅니다. 햄스터의 부드러운 털은 물에 젖으면 안 좋습니다. 털이 잘 마르지 않기 때문에 햄스터가 체온을 빼앗기게 됩니다. 동물들은 스스로 그루밍을 해서 청결을 유지하려고 합니다. 동물들의 청결 유지 방식에 맡기도록 합시다.

15

쥐

뭐든지 갉아대는 건
이빨이 계속 자라기 때문이라고?

쥐는 뭐든지 갈아대고 여기저기 똥을 싸고 다녀서 성가시다고 여기지만 한편으로 실험동물로 이용되는 귀중한 존재입니다.

집쥐 세 종류의 차이점

쥐는 쥐과에 속하는 포유류의 총칭입니다.

몸길이 5~35센티미터로 꼬리는 길고 가늘며 각질 같은 비늘로 뒤덮여 있습니다. 위아래 턱에 각각 한 쌍의 커다란 앞니가 있는데 앞니는 평생 자랍니다.

번식력이 강하다는 특징이 있고 일년에 몇 차례, 한 번에 새끼 5~6마리를 낳습니다. 한 달이 되기 전에 어른 쥐로 자라나서 새끼를 낳습니다.

쥐 종류는 많지만 도시나 집에 사는 집쥐는 시궁쥐, 곰쥐, 생쥐, 거의 세 종류로 한정됩니다. 야외에 사는 일본밭쥐, 멧밭쥐 등 들쥐와는 구분합니다. [1]

몸이 크고 꼬리 길이가 몸보다 짧은 집쥐는 시궁쥐, 반대로 몸보다 꼬리 길이가 길고 귀가 얼굴보다 확실히 커다란 집쥐는 곰쥐 가능성이 높습니다. 손바닥에 올려놓을 정도로 작은 집쥐는 생쥐라고 합니다. 수명은 시궁쥐와 곰쥐가 약 3년, 생쥐는 1년에서 1년 반입니다.

---

1) 집쥐와 들쥐는 생물학적인 구분 방식이 아니라 집에 피해를 주는 쥐는 집쥐라고 하고, 집쥐 이외의 쥐는 들쥐라고 하는 듯합니다.

쥐는 다양한 피해를 끼친다

집에 쥐가 나타나면 여기저기 피해를 입습니다.

쥐는 집 기둥이나 벽, 전선 코드 등 다양한 사물을 갉아댑니다. 그리고 잡균을 잔뜩 포함한 똥을 아무 데나 싸고 다닙니다. 진드기와 병원균을 끌고 다녀서 사람에게 감염시킬 가능성이 높습니다.

쥐 앞니는 평생 자라는데 일주일 동안 약 2~3밀리미터나 자라서 다양한 사물을 갉아 이빨을 갈려고 합니다. 쥐 때문에 생기는 피해 대부분은 곰쥐 소행입니다.

곰쥐는 운동이 특기로 외부 전선과 배수 파이프 등을 타고 다니며 쉽게 집에 들락날락합니다. 추위에 약해서 집 안에 있는 이불솜을 이용해서 집을 짓는 경우가 많고, 천장 위에서 뛰어다니기도 합니다.

전 세계적으로 쥐가 곡물을 먹어치우는 피해가 심각합니다. 아시아에서는 곡물 총생산량의 20퍼센트 이상을 쥐가 먹어치우고, 전 세계 평균으로 하면 농산물의 10퍼센트 이상을 쥐가 먹어치운다고 합니다.[2)]

쥐는 전염병을 옮깁니다. 예를 들어 페스트가 있습니다. 고대 아테나와 로마제국의 멸망은 이 페스트가 원인이었다는 설이 있습니다. 일본에서도 1890년대에 고베, 오사카, 도쿄 등에서 페스트가 유행하였습니다. 그 원인은 곰쥐였던 것으로 추정합니다.

진드기 일종인 집진드기는 쥐를 숙주로 삼아 흡혈을 하지만 쥐가 죽으면 새롭게 기생할 곳을 찾다가 사람을 무는 경우도 있습니다. 집에 쥐가 나왔을 때는 꼭 없애도록 합니다.

마우스를 실험동물로 쓰는 이유

의학, 기타 연구에 이용하려고 기르고 번식시키는 것이 실험동물입니다. 마우스, 래트, 모르모트(기니피그) 등이 대표적입니다.

그중에서도 가장 많이 실험에 이용하는 쥐가 마우스입니다. 마우스는 사람과 같은 포유류로 세대교체의 기간이 짧고 번식률은 높고

2) 유엔 식량 농업 기구(FAO) 조사 결과입니다.

몸집은 작고 성질이 비교적 온순하여 같은 공간에서도 여러 마리를 사육할 수 있습니다.

가장 커다란 장점은 근교계 마우스를 중심으로 다양한 계통이 존재한다는 것입니다.

근교계 마우스는 근친 교배를 되풀이해서 99퍼센트 같은 유전자 DNA를 지닌 마우스 집단을 말합니다. 암컷과 수컷이 새끼를 낳으면 형매 교배 또는 친자 교배를 20세대 이상 반복해서 만듭니다.

근교계 마우스에는 다양한 계통이 있는데 이렇게 같은 유전자형의 마우스를 이용해 실험을 하면 어디서 누가 해도 동일한 결과가 나오고 유전자 차원까지 깊이 파고 들어가는 연구가 가능합니다.

그리고 사람의 질병과 유사한 상태가 되도록 조작한 질환 모델 동물도 만들수 있습니다. 예를 들어 선천적으로 고혈압인 마우스를 만들고 그 마우스를 이용해서 염분을 줄인 식사 효과를 조사하거나 신약의 효과를 판정할 수 있습니다.

사람에게 위험이 생길 가능성이 있는 물질(독성물질)은 직접 사람에게 실험하지 못합니다. 그래서 동물 실험으로 위험을 추측합니다. 물론 사람에게 유용할 거라 여겨지는 물질에도 사람에게 적용 전에 먼저 동물을 이용해서 조사합니다. 하지만 아무리 같은 포유류라도 종 사이의 차이가 있어서 동물 실험으로 얻는 결과를 완전히 사람에게 적용할 수는 없습니다. 그래도 사람에게 어떻게 작용하는지 어느 정도 추측할 수는 있습니다.

사람에게 좋은 효과가 기대되면 사람을 대상으로 임상실험을 진행합니다. 마우스 등을 이용해서 동물 실험이 이루어지더라도 사람에게는 어떻게 될지 실제로 사람이 확인해보지 않으면 진실은 알지 못하는 면이 있기 때문입니다.

16

고양이

야생 고양이는 쉽게 구별이 가능한가?

사랑스러운 표정이 매력적인 고양이는 지금 전 세계에서 인기를 끌고 있습니다. 하지만 애초에 사냥꾼으로 태어났기에 고양이 때문에 멸종 위기를 맞는 동물까지 나올 정도입니다.

욕구에 충실한 고양이의 생활

쌀쌀맞아 보이나 실제로는 다정하다라는 '츤데레'라는 말과 잘 어울리는 고양이는 제멋대로 살아가는 것처럼 보이는 특징이 있습니다. 그리고 '고양이 손이라도 빌리고 싶다'라는 말이 있듯이 고양이는 개와 다르게 사람에게 도움을 주는 경우도 적습니다.[1)]

고양이는 애초에 사냥꾼입니다. 집에서 키우는 집고양이도 야생 사냥꾼으로서의 본능이 남아 있습니다.

예를 들어 자신의 몸길이보다 다섯 배 정도 되는 높이도 가볍게 점프할 수 있거나 굉장히 높은 곳에서 아무렇지도 않게 뛰어내릴 수 있는 것도 사냥꾼으로서의 능력이 발휘된 것입니다. 배가 고파서 참을 수 없을 때 고양이는 집사를 깨우러 옵니다. 개와 다르게 고양이는 충성심보다는 욕구에 충실합니다.

---

1) 쥐를 잡는다는 말을 듣지만 집에 있는 고양이와는 상관이 없습니다. 쥐가 요즘 집에서 사라져버린 것을 생각하면 애초에 고양이가 쥐를 잡을 일도 없을지 모릅니다.

고양이 수염은 앞다리에도 있다

고양이에게는 훌륭한 수염이 있습니다. 이 수염 뿌리 쪽에는 신경이 많이 지나갑니다. 고양이는 원래 어둠 속에서 사물을 보는 능력이 아주 뛰어나지만, 수염도 캄캄한 곳에서 행동할 때 보조 역할을 합니다. 뭔가에 부딪히는 일 없이 뛰어다닐 수 있는 것은 수염 때문입니다. 이 수염은 공기 흐름을 감지할 정도로 민감하다고 합니다.

그리고 눈 위에 있는 수염은 눈꺼풀 신경에 직접 연결되어서 고양이의 커다란 눈을 외부 위험으로부터 지켜줍니다. 수염에 뭔가 닿으면 순간적으로 눈꺼풀을 감도록 되어있습니다.

잘 관찰해보면 수염은 앞다리에도 있습니다. 좁은 틈을 고양이가 잘 다닐 수 있는 것은 앞다리 수염으로 얻은 정보 덕분입니다.

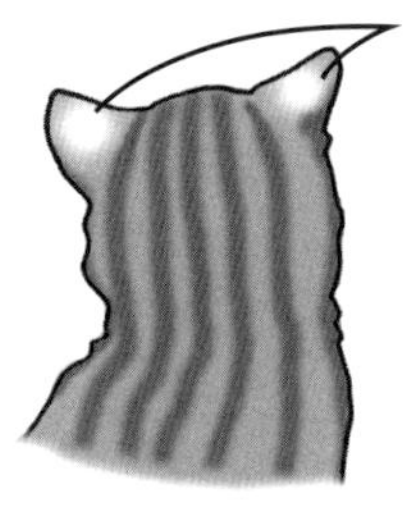

귀 뒤쪽에 있는 호랑이귀 얼룩 반점(하얀 반점)

호랑이귀 얼룩 반점은 길이 잘 보이지 않는 숲속에서 새끼가 어미 뒤를 쫓아 걸어갈 때 표식이 되거나 무리를 인식할 때 이용된다고 합니다.

야생 고양이와 집고양이의 구별법

야생 고양이와 반려동물인 집고양이를 구분하는 방법을 알고 있습니까? 그것은 귀 뒤쪽에 있는 하얀 반점입니다. 이 반점을 호랑이귀 얼룩 반점이라고 부릅니다.

사자나 호랑이 등 야생 고양이과 동물 대부분은 모두 귀 뒤쪽에 하얀 반점이 존재합니다.

17

개

왜 만년 전부터 가축화되었을까?

개는 늑대에서 유래하였습니다. 약 2~3만 년 전에는 늑대가 사람과 함께 살고 있었고 사람이 가장 오래전부터 가축화한 동물이 개입니다.

개 품종은 몇 종류인가?

개 품종은 견종이라고 합니다. 현재 전 세계에는 비공인 견종을 포함하여 700~800 견종이 있다고 합니다. 2017년 7월 현재, 전 세계 견종을 유럽을 중심으로 많은 국가가 가맹한 세계 축견 연맹(FCI)이 344 견종을 공인하고 있습니다

사람에게 친숙한 개는 반려동물로 키우는 '반려견'이지만 대부분 개는 사냥개, 목양견, 목축견, 경비견, 구조견, 경호견 등으로 일합니다. 뛰어난 시각과 주력으로 사냥감을 쫓아가서 숨통을 끊어놓는 사냥개, 냄새로 사냥감을 쫓는 개, 사냥꾼이 죽인 사냥감을 회수하는 개 등 다양한 특징을 갖는 개가 있습니다.

모두 늑대 한 종에서 나왔다.

삽살개, 치와와 같은 반려견, 경비견이나 구조견으로 유명한 도베르만, 수컷이 110킬로그램 정도, 암컷이 90킬로그램 정도나 되는 가장 커다란 잉글리시 마스티프 등 다양한 견종의 조상을 거슬러 올라가면 늑대 한 종에서 나온 것을 알 수 있습니다.

늑대는 사람이 먹다 남긴 고기 등을 얻어먹으려고 사람 주위를 맴돌았던 것으로 추정합니다. 사람은 대형 육식 짐승으로부터 자신

을 보호하기 위해 늑대를 기르기 시작했습니다. 1만 년전 무렵 유적에서 개뼈가 많이 쏟아져 나온 것으로 미루어 그 시기에 개의 가축화가 완성되었다고 추정합니다.

개가 가축화되고 나서 사람의 이주와 더불어 전 세계로 확산되고 지역마다 있는 늑대 등과 혼혈되어 품종 개량이 이루어졌습니다. 그렇게 많은 품종이 생겨났다고 추정합니다.

품종 개량은 원하는 특징이 있는 암컷과 수컷을 교배시켜 태어난 새끼 중에서 가장 이상에 가까운 암컷과 수컷을 선택해서 다시 교배하는 식으로 몇 세대를 반복합니다. 그 결과 개는 사람이 원하는 특징을 갖는 가축이 됩니다.

요컨대 사람이 품종 개량을 해서 개의 얼굴 형태, 머리 색깔, 성격, 크기가 다양한 견종을 많이 만들었던 것입니다.

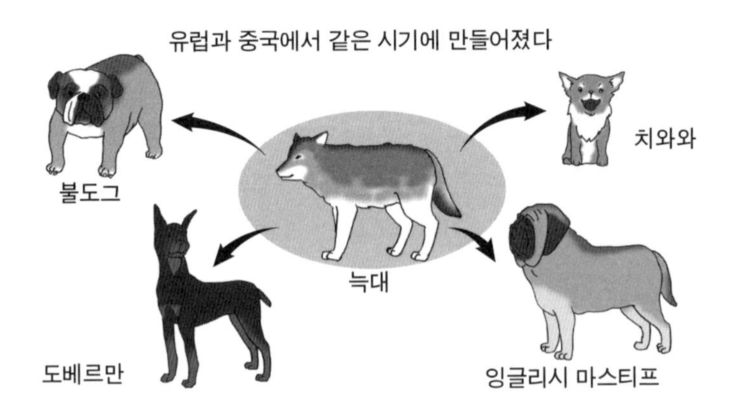

가축화가 쉬웠던 이유

늑대는 원래 무리지어 사냥을 하는 동물이었습니다. 무리 중 서열이 확실해서 리더를 중심으로 주종관계를 형성하고 있습니다. 늑대는 통제가 이루어지는 생활을 합니다.

어른 늑대는 사람과 친숙해지기 어렵습니다. 따라서 처음에는 새끼 늑대를 반려동물처럼 키워서 사람과 주종관계를 형성한 것이 아닌가 생각할 수 있습니다. 개에게 사람은 자신보다 서열이 높고 따라야 할 존재가 되었던 것입니다.

하지만 개에게 예절을 가르치다 실패하면 사람이 더 서열이 낮다고 생각할 때도 있습니다. '자신의 마음에 드는 장소에서 떠나지 않는다', '입에 물고 있는 것을 놓지 않는다', '말하는 것을 듣지 않는다, 무시하게 된다' 등 개가 사람보다 서열이 위라고 생각될 때도 있습니다.

뛰어난 후각

개가 가진 후각 능력은 늑대 시절부터 이어져 온 것입니다.

늑대는 집단으로 생활하고 집단으로 먹잇감을 쫓습니다. 상처 입은 동물이나 무리에서 떨어져 나온 초식동물을 계속해서 쫓습니다. 먹잇감이 지치면 포위하여 한꺼번에 공격합니다.

눈앞에 없는 먹잇감도 바람에 실려 오는 냄새나 며칠 전 발자국에 남긴 냄새를 더듬어서 찾아냅니다. 눈에 보이지 않는 먹잇감을 계속 쫓아다닐 때 냄새가 유일한 단서가 됩니다.

개는 며칠 전에 길에 떨어진 신발 냄새까지 맡을 수 있습니다. 왜 그럴까요?

개의 코끝은 축축하게 젖어 있습니다. 그래서 바람을 타고 오는 냄새의 방향을 알 수 있습니다. 개 코안에 있는 '코점막'에는 주름이 많고, 사람보다 몇십 배 넓은 면적이 있습니다. 냄새 분자는 코안에 잔뜩 있는 감도 높은 후각 세포로 받아들이고 많은 후각 신경세포가 그 정보를 대뇌로 보냅니다.

개의 후각은 사람의 백만 배, 최대 1억 배라고 추정합니다. 하지만 다음 표처럼 냄새 종류에 따라 차이가 있습니다.[1)]

사람과 비교한 개 후각

냄새 종류	배율
시큼한 냄새	1억 배
쥐오줌풀 향기	170만 배
부패한 버터 냄새	80만 배
제비꽃 향기	3000 배
마늘 냄새	2000 배

(참조 : 일본 경찰견 협회 http://www.policedog.or.jp/chishiki/kankaku.htm)

1) 경찰견이 사람 발자국에서 냄새를 맡고 더듬어가는 경우 땀에 포함된 '휘발성 지방산'을 감지한다고 추정됩니다.

늑대에게 이어받은 본능과 습성

개가 늑대에게 이어받은 본능에는 번식 본능, 사회적 본능, 스스로 보호하는 본능, 도주 본능, 운동 본능, 영양 본능 등이 있습니다.

예를 들어 늑대가 집단으로 사냥할 때 본능과 습성을 살펴보겠습니다.

때로는 동굴에 있다가 멀리 떨어진 곳에서 풍겨오는 먹잇감의 냄새를 실마리로 쫓아가는 탐색 본능, 먹잇감을 발견했을 때 도망가는 먹잇감을 잡으려고 달려가는 추적 본능, 잡은 먹잇감을 동굴로 끌고 오는 본능과 귀소 본능을 따라 늑대는 먹잇감을 새끼 늑대에게 갖다 줍니다. 개가 움직이는 것을 쫓아가는 행동은 늑대의 사냥 행동에 유래한 것입니다.

경찰견이 후각을 이용하여 범인을 쫓는 탐색 본능도, 달리는 사람이나 자전거 등을 쫓아가는 추적 본능도, 던진 공을 물고 돌아오는 본능도, 모두 늑대 시절 사냥을 할 때 갖고 있었던 본능인 포식성 행동에 유래한 것입니다.

하지만 이런 행동은 견종이나 개체 차이가 상당히 크고 모든 개가 같은 정도 행동을 하는 것은 아닙니다.

주인을 잃어버렸나?
탐색 본능
추적 본능
가져오는 본능

< 생물교양1 >

변화하는 생물의 분류

분류학의 아버지라고 불리는 스웨덴의 칼 폰 린네는 생물의 학명을 속과 종, 두 가지로 나누고 라틴어로 기술했습니다. 그 후에도 다양한 분류 방법이 검토되었지만 생물 명명법에 대해서는 이 방법으로 배우고 있습니다.

원래 식물학자였던 칼 폰 린네는 나중에 동물 명명도 연구했고 훗날 광물 공부도 해서 적극적으로 이름을 붙였습니다. 지금 생각해보면 신기한 흐름이지만 당시에는 자연에 존재하는 것을 '동물', '식물', '광물', 세 가지로 나누었습니다.

생물에 대해서는 동물과 식물, 두 가지 분류밖에 없습니다. 그런 관점에서 볼 때 예를 들면'활발하게 움직이는 것은 동물이다'라는 사고방식입니다.

여러 가지 것에 포함되어 아주 유명해진 유글레나(연두벌레)를 생각해보세요. 확실히 현미경으로 관찰하면 '초록빛으로 벌레처럼 여기저기 돌아다니는' 모습이 보입니다. 초록빛인 것은 유글레나가 엽록체가 있기 때문입니다. 요컨대 빛을 받아 영양분을 스스로 만들어낼 수 있습니다. 유글레나는 동물일까요? 식물일까요?

이처럼 고전적인 사고방식으로 '동물도 아니고 식물도 아닌' 생물은 우리 주위에 얼마든지 있습니다. 지금의 분류 방법은 DNA 염기 배열이나 단백질 안의 아미노산 배열 등 분자 차원에서 다시 검토하고 있습니다. 분류학은 역사가 긴 학문이지만 바로 지금 가장 크게 변화하는 시기를 맞고 있기도 합니다.

제2장
‘공원, 학교, 거리’에 넘쳐나는 생물

18

공벌레

미로 속을 헤매지 않고 목표를 향해 간다고?

공벌레는 축축하고 어두운 장소를 좋아해서 화분을 들어보면 잔뜩 꼬여 있을 때가 있습니다. 공벌레는 낙엽 등을 먹으며 땅을 비옥하게 만들어줍니다.

낙엽과 돌 밑에 산다

공벌레는 공벌레과에 속하는 절지동물입니다. 우리 가까이에 있는 공벌레는 아르마딜리디움 불가레로 몸길이는 1.5센티미터 정도이고 복부에 마디가 7개 있고, 각 마디에 2개씩 총14개의 다리가 붙어 있습니다.

하나하나 마디는 단단한 등딱지처럼 되어 있지만, 마디와 마디는 얇은 껍질로 이어져 있을 뿐입니다. 해안의 축축한 모래밭에 사는 바다공벌레도 있지만 아르마딜리디움 불가레를 일반적으로 공벌레라고 부릅니다.

몸 색깔은 회색빛을 띤 검은색으로, 자극을 받으면 몸을 동그랗게 구부려서 공을 연상시켜서 공벌레라는 이름이 붙었습니다.

몸을 지키기 위해 동그랗게 구부린다

몸을 동그랗게 구부리면 약한 머리나 마디와 마디 사이가 모두 동그라미 안으로 들어가서 공처럼 됩니다. 그렇게 되면 다른 벌레가 잡아먹으려고 해도 온통 딱딱한 부분만 있어서 좀처럼 잡아먹기가 쉽지 않습니다.

공벌레가 몸을 동그랗게 구부리는 이유는 주위의 적으로부터 자신의 몸을 지키기 위해서입니다. 공벌레의 모습과 형태가 굉장히 닮은 것으로 쥐며느리가 있습니다.

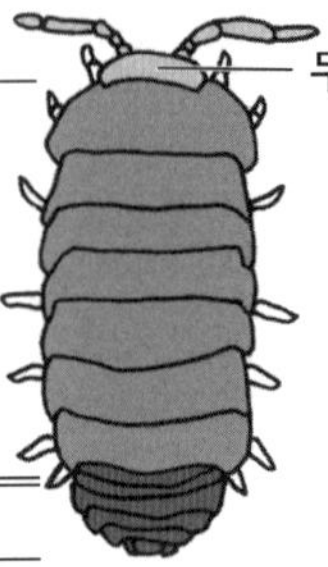

생활환경이나 먹이 등도 거의 비슷하지만 만져도 몸을 동글게 말지 않고 움직임이 재빠르다는 것이 쥐며느리의 특징입니다. 공벌레와 쥐며느리는 둘 다 '쥐며느리 아목'에 속하는 육지에 사는 갑각류입니다. 갯강구도 같은 부류입니다.

공벌레를 키우려면 분무기를 이용해서 흙 등이 건조해지지 않도록 신경을 씁니다. 먹이는 낙엽이나 마른 멸치 등을 줍니다.

교미한 공벌레는 배 쪽에 있는 '보육낭'이라는 주머니에 50~100개 정도의 알을 낳습니다.

알에서 한 달 정도 뒤에 공벌레가 깨어나는데 바로 주머니에서 나오지는 않습니다. 스스로 걸을 수 있게 되면 주머니에서 나와서 탈피를 되풀이하면서 3년 이상 산다고 합니다.

좌우 교대로 방향을 바꾸는 습성

공벌레는 장애물에 부딪히면 좌우 교대로 방향을 바꾸는 습성이 있습니다. 이것을 교체성 전향 반응(alternative turning response)이라고 합니다. 예를 들어 미로 속을 걷다가 벽에 부딪혀서 처음에 오른쪽으로 방향을 바꿨다고 합시다. 그렇게 하면 다음 벽에 부딪히면 왼쪽으로 방향을 바꿉니다.

이렇게 걸어가다 보면 공벌레는 미로 속을 걷다가 목표 지점에 도착하게 되는 것입니다. 이것은 어두운 땅속에서 지낼 일이 많은 공벌레가 합리적으로 움직여서 돌아다니는 습성이라고 생각됩니다.

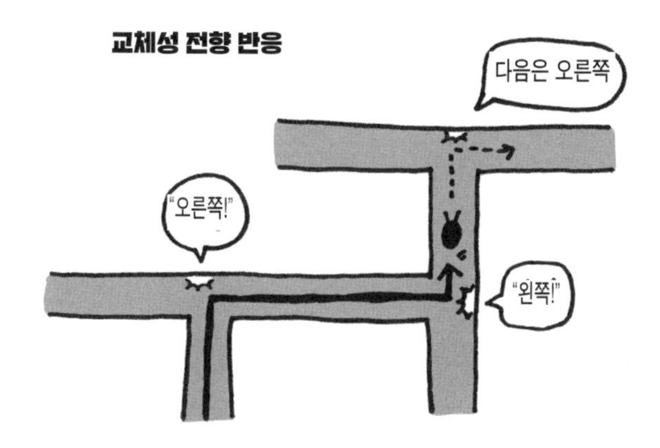

19

벌

무서운 것은 독이 아니라
알레르기 반응?

벌이면 벌침에 쏘이는 것이 무섭다는 사람이 많을 것입니다. 실제로 일본에서는 연간 스무 명 정도가 벌침에 쏘여서 사망하고 있습니다. 특히 흉악한 벌은 말벌입니다.

가장 흉악한 말벌

사람을 쏘는 벌은 주로 말벌, 꼬마쌍살벌, 꿀벌입니다. 벌은 집단 생활을 하는 '사회성 곤충'으로 벌집을 지키려고 벌침을 쏘기 위해 집단으로 달려듭니다.[1]

특히 흉악한 벌은 말벌입니다. 벌 중에서 가장 몸집이 커다란 벌로 말벌의 독침에서 독액이 뿜어져 나옵니다. 독액이 다할 때까지 몇 번이라도 벌침을 쏠 수 있습니다.

사람을 공격하는 벌은 대부분 황말벌이나 장수말벌이고, 특히 황말벌은 '도시형 말벌'로 알려져 있습니다.

황말벌이 도시에 살게 된 것은 장수말벌에게 도망쳐서 도시를 새로운 터전으로 삼았기 때문입니다. 도시에는 황말벌의 천적이 없습니다. 자동판매기 보급으로 수액 대신 당분이 많은 먹다 남긴 음료수를 쉽게 얻거나 음식물 쓰레기에 고기나 생선 등 유충의 먹이가 되는 것을 잔뜩 얻을 수 있습니다.

황말벌은 처마 밑이나 지붕 밑에 공 모양의 벌집을 만들어서 비바람을 피할 수도 있습니다. 이렇게 황말벌은 도시에서 자신이 주인인 것처럼 살고 있습니다.

---

1) 벌침을 쏘는 것은 암컷이고 수컷은 벌침을 쏘지 않습니다.

말벌의 최대 종은 장수말벌입니다. 장수말벌은 육식성으로 사마귀, 박각시나방, 커다란 풍뎅이 등을 잡아서 유충에게 줍니다.

특히 가을에는 장수말벌이 새로운 여왕벌을 키울 때 많은 양의 단백질이 필요하고 장수말벌의 일벌들이 말벌과 꿀벌의 벌집을 공격하기도 합니다. 몇 시간 동안 사투를 벌이는 사이에 장수말벌은 상대 쪽 성충을 물어 죽여서 전멸시키고 벌집 안의 유충을 모조리 빼앗아갑니다.

독의 양은 미미하지만, 알레르기 반응이 무섭다

벌침에 쏘여도 독의 양은 사람에게 미미한 수준입니다. 벌침에 쏘인 사람이 죽을 위험이 있는 것은 독 자체가 아니라 대부분 격렬한 알레르기 반응인 아나필락시스 쇼크에 따른 급격한 혈압 저하와 상기도 부종으로 호흡 곤란이 옵니다.[2)]

벌침 독에 대한 알레르기 반응이 있는 사람은 전체의 약 10퍼센트 정도입니다. 따라서 벌침에 쏘이면 상처에서 독을 짜내고 흐르는 물에 씻고 차갑게 하면서 재빨리 의사의 처치를 받는 것이 현명

---

2) 벌침에 쏘이면 말벌과 같은 정도로 아픈 것이 꼬마쌍살벌 벌침으로 말벌과 마찬가지로 아나필락시스 쇼크를 일으킵니다. 하지만 꼬마쌍살벌은 성격이 얌전해서 벌집에 가까이 가지 않으면 쏘일 일이 없습니다.

합니다. 벌침에 쏘여서 사망하는 사례는 의사가 가까이에 없는 시골에서 일어나는 경우가 많습니다.

벌은 한 번 벌침을 쏘고 나서 죽는다?

이 말이 딱 들어맞는 것은 꿀벌뿐이고 꿀벌 이외의 벌은 몇 번이나 쏠 수 있는 벌침을 갖고 있습니다.

꿀벌의 벌침에는 톱과 같은 가시가 있어서 사람을 쏘게 되면 벌침이 잘 빠지지 않습니다. 꿀벌이 무리해서 사람의 피부에 박힌 벌침을 빼려고 하면 꿀벌의 복부가 찢어져서 죽게 됩니다. 꿀벌이 벌침을 쏘는 것은 말 그대로 '최후의 수단'일 때입니다.

꿀벌의 벌침은 피부에서 손으로 뽑기가 어려워 핀셋으로 뽑습니다. 독액은 강한 냄새를 발산해서 동료 꿀벌을 불러올 수 있으므로 잘 씻어내야 합니다. 그리고 꿀벌은 살충제에 내성이 있어서 벌집에 뿌리면 날아가 버려서 다시 꿀벌을 모으기 어려워 주의가 필요합니다.

꿀벌의 벌집은 벌집 중에 가장 크게 만들어집니다. 꿀벌 벌집 하나에 몇천에서 몇만 마리가 커다랗게 집단을 이루어 삽니다.

사람의 생활에 꼭 필요한 유익한 곤충

벌은 전세계 10만 종 이상이 있다고 알려진 커다란 무리입니다.

꽃가루를 옮기거나 작물의 해충을 잡아먹거나 해충의 몸에 기생하거나 생태계에 헤아릴 수 없을 만큼 많은 이익을 가져다줍니다.

특히 왜알락꽃벌과 서양 꿀벌은 꽃가루와 꿀의 채취를 위해 양봉 되고 농업이나 식생활 면에서 사람의 생활과 밀접한 관련이 있습니다.

벌꿀은 한 살이 지나고 나서

벌꿀은 일반적으로 포장 전에 가열 처리를 하지 않기 때문에 보툴리누스균이 혼입된 경우가 있습니다. 한 살 미만의 유아가 벌꿀을 먹으면 유아 보툴리누스증이 걸려서 사망하는 사례도 있습니다.

보통은 보툴리누스균을 섭취해도 장내 세균과의 경쟁에서는 패배하지만, 유아는 장내 세균이 제대로 없어서 균이 장 안에서 늘어나 독소를 배출하기 때문입니다. 하지만 한 살 이상 되면 보툴리누스균을 신경 쓰지 않아도 됩니다.

20

민달팽이 · 달팽이

왜 소금을 뿌리면 녹아버릴까?

축축한 장마철과 잘 어울리는 생물로 민달팽이와 달팽이가 있습니다. 달팽이에 소금을 뿌리면 '녹는다'라는 표현을 하는데 이것은 삼투압 현상입니다. 어떤 원리일까요?

촉각이 하나만 없어져도 큰일난다

달팽이와 민달팽이는 분류상으로는 같은 무리입니다. 땅에 사는 고둥 중에서 껍데기가 있는 것이 달팽이, 껍데기가 없는 것이 민달팽이입니다.[1)]

달팽이와 민달팽이 눈은 모두 눈자루 끝에 달려 있습니다. 눈이 있는 쪽이 대촉각, 눈이 없는 쪽이 소촉각으로, 네개의 촉각을 이용해서 주위의 정보를 얻어냅니다. 촉각이 하나라도 없으면 똑바로 기어갈 수조차 없지만 몇 개월 뒤에 재생됩니다.

소라나 우렁이 같은 고둥과의 차이점은 '껍데기의 뚜껑'입니다. 달팽이는 껍데기는 있지만, 뚜껑은 없습니다. 그래서 건조함을 견뎌야 할 때 달팽이는 점막으로 막을 칩니다.

음식물은 어떻게 먹을까?

달팽이와 민달팽이를 투명한 판 위에 올려놓고 아래쪽에서 살펴보세요. 입 부분이 새까맣게 되어 있습니다. 여기에 '이빨'이 있습니다. 그렇지만 사람과 같은 이빨이 아니라 치설이라는 줄 같은 것입니다. 달팽이는 치설로 먹이 위를 기어가서 조금씩 떼어내서 먹습니다. 잘 관찰해보면 돌 등에 있는 이끼 같은 것 위에 달팽이가 식

---

1) 사실 민달팽이 일종에도 흔적 같은 껍데기가 있습니다. 그런 의미에서 민달팽이와 달팽이는 거의 같다고 할 수 있습니다.

사를 마친 흔적을 발견할 수 있습니다.

똥은 먹은 것과 같은 색깔로 나오기 때문에 달팽이에게 여러 가지 먹이를 주고 관찰해보면 재미있습니다.

실제로 녹는 것은 아니다

달팽이나 민달팽이에 '소금을 뿌리면 녹는다'라는 말을 들어본 적이 있습니까? 도대체 왜 그럴까요?

먼저 '녹는다'라는 말은 오해이고 그렇게 보이지만 실제로는 '바싹 말라버린다'는 것이 정답입니다. 이런 현상과 관련한 것이 삼투압입니다.

예를 들어 '채소에 소금을 뿌린 듯 풀죽은 모양'이라는 표현이 있습니다. 신선한 채소라도 소금을 뿌리면 수분이 빠져서 숨이 죽어버리는 것에서 비롯된 말로 건강한 사람이 기운이 빠져서 의욕을 잃어버린 상태를 뜻합니다.

방금까지 싱싱했던 채소에 소금을 뿌리면 안쪽에 있는 수분이 자꾸자꾸 빠져나와서 시들시들 숨이 죽습니다. 이것은 안쪽과 바깥쪽의 염분 농도를 똑같이 하려는 현상입니다. 안쪽에 있는 수분이 쭉쭉 나와서 바깥쪽의 염분 농도를 옅게 합니다. 이런 '물이 이동하려고 하는 힘(압력)'을 삼투압이라고 합니다.

민달팽이에 소금을 뿌리면 안쪽의 수분이 자꾸자꾸 바깥쪽으로 빠져나와서 마치 미라처럼 쭈글쭈글 줄어들게 됩니다. 이것이 달팽이에 소금을 뿌리면 '녹는다'라고 말하는 현상입니다.

실제로 녹아버리는 것이 아니기에 바로 물을 뿌려주면 민달팽이는 부활합니다. 이것은 민달팽이뿐만 아니라 다른 달팽이도 마찬가지입니다.

21

지렁이

여름 뙤약볕 아래에서 말라 죽는 이유는?

진화론의 찰스 다윈이 전 생애를 걸고 연구한 생물, 그것은 지렁이입니다. 지렁이가 모습을 보이는 것은 여름 뙤약볕 아래, 비가 많이 내리고 나서일 때가 많지만 땅속에서 중요한 역할을 담당하고 있습니다.

어느 쪽이 머리이고 어느 쪽이 꼬리?

지렁이에게는 눈도 귀도 없습니다. 하지만 지렁이는 빛과 진동을 피부로 느낄 수 있습니다. 지렁이는 손과 발은 없지만, 체절이라는 마디가 있어서 이것을 쭉 펼치거나 줄여서 움직입니다.

지렁이 머리와 꼬리의 구별은 딱 봐서 알 수는 없지만, 색깔이 하얀 고리 모양 부분(환대)에 가까운 쪽이 머리입니다. 머리 부분에는 입이 있지만, 이빨은 없습니다. 지렁이는 작지만, 뇌도 있습니다.

지렁이는 한 마리가 암컷과 수컷, 양쪽의 기능을 모두 갖고 있습니다. 이것을 자웅동체라고 합니다.[1] 지렁이 몸 안에 수컷인 부분과 암컷인 부분이 있는 것입니다.

그렇지만 지렁이 혼자서 새끼를 만들지는 못합니다. 다른 지렁이와 반대쪽으로 나란히 늘어서서 상대의 정자를 받아들여 두 마리

1) 지렁이 외에도 달팽이와 민달팽이도 자웅동체입니다.

다 알을 낳습니다. 지렁이 알은 몇 밀리미터 정도 길이로 레몬 모양입니다.

세계에서 가장 큰 지렁이는 남아프리카산 거대 지렁이(Microchaetus rappi)라는 종으로 길이가 7.8미터, 무게가 30킬로그램이나 된다고 합니다.

찰스 다윈은 지렁이가 일하는 모습에 사로잡혔다

지렁이는 땅 밑 10~12센티미터 정도 깊이에서 살고, 낙엽 등 식물이 말라서 썩어가는 것을 먹습니다.

그때 지렁이는 마른 잎과 함께 흙도 먹고 분변토를 눕니다.

하루에 지렁이가 싸는 분변토의 양은 체중 2분의 1에서 체중과 같은 양에 이릅니다. 지렁이 한 마리가 싸는 분변토 양은 적지만 땅속에서 사는 모든 지렁이를 생각하면 엄청난 양이 될 것입니다.

이런 지렁이 생활을 40년 동안 연구한 19세기 생물학자가 있습니다. 진화론으로 유명한 찰스 다윈입니다.[2)]

찰스 다윈에 따르면, 영국 니스라는 곳에서 약 1년 동안 채집한 지렁이의 분변토는 1에이커(약 1,200평)당 14.58톤이나 되었다고 합

2) 찰스 다윈은 『지렁이와 흙』이라는 유명한 저서도 남겼습니다.

니다.

그리고 지렁이 움직임 때문에 커다란 돌이 해마다 밑으로 내려앉거나 고대 유적도 조금씩 매몰된다고 합니다.

지렁이는 장에서 나오는 끈적끈적한 액으로 흙을 단단하게 만드는 단립이라는 작은 덩어리 모양 분변토를 쌉니다. 틈이 많은 알갱이가 잔뜩 모여 있는 듯한 모양으로 '단립구조'라고 합니다. 흙에 틈이 많아서 물과 공기가 잘 통해서 식물 뿌리에 굉장히 편안한 환

지렁이가 만드는 단립구조 땅

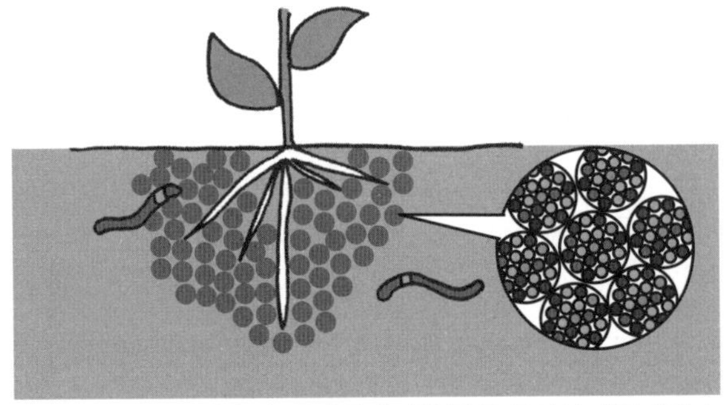

수분 보유 능력, 배수성, 통기성이 아주 좋은 토양이 만들어진다.

경이 만들어집니다. 그리고 하나하나 덩어리 안에 물을 보유하고 있어서 흙이 금방 말라버릴 걱정이 없습니다. 더구나 지렁이 분변토 안에는 낙엽에서 나온 흙 양분이 듬뿍 들어 있습니다.

여름 뙤약볕 아래에서 땅 위로 올라오는 이유는?

여름이 되면 아스팔트 위에 지렁이가 말라 비틀어 죽은 모습을 종종 발견합니다. 원래 땅속에 사는 지렁이인데 왜 땅 위로 올라오는 걸까요.

지렁이는 호흡을 피부 전체로 합니다. 강한 햇볕을 받아 땅이 뜨거워졌을 때 체온 조절이 불가능한 지렁이는 필사적으로 땅 위로 기어 올라옵니다. 그리고 비가 많이 내리고 난 뒤에 지렁이가 많이 보이는 이유는 땅속에 산소가 줄어들고 빗물로 가득 차 숨을 쉬기 어려워서일 거라 추정합니다.

22

나비, 나방

배추벌레와 송충이, 나비와 나방 차이점은 무엇일까?

나비는 예쁜 모양이라 곤충 채집 때도 인기가 많지만, 나방은 싫어합니다. 배추벌레는 귀엽지만 송충이는 징그럽다는 사람이 많습니다. 차이점은 무엇일까요?

송충이도 나비가 된다?

양배추를 먹여서 배추벌레를 키워본 적이 있는 사람도 적지 않을 것입니다. 그런데 일반적으로 배추흰나비의 애벌레인 배추벌레나 나비의 애벌레와 달리 송충이는 기피를 당하고 있습니다.

하지만 배추벌레가 나비가 되고 송충이가 나방이 된다고 정해져 있는 것은 아닙니다. 송충이에서 나비가 되는 종도 많이 있습니다. 그리고 털이 조금 나 있는 배추벌레도 있어서 명확한 구분은 불가능합니다.

나비는 낮에, 나방은 밤에 날아다닌다?

나비도 나방도 커다란 날개 네 장을 갖고 있습니다. '나비는 낮에, 나방은 밤에 날아다닌다'고 알고 있겠지만 사실은 그렇지 않습니다. 낮에 나비와 뒤섞여서 날아다니는 나방도 많이 있습니다. '예쁜 것은 나비, 흉한 것은 나방'이라는 것도 착각으로 잘 살펴보면 나방도 아름답습니다. 그러니까 나비와 나방은 엄밀하게 구분하기가 어려운 것입니다.

나비도 나방도 애벌레는 3쌍, 6개의 발톱과 몇 쌍의 옆다리를 갖고 있고 커다란 겹눈과 몇 개의 홑눈을 갖고 있습니다. 이 애벌레가 이웃고 탈피를 해서 번데기가 됩니다. 그때 고치를 만드는 것과 그대로 매달려 있는 것 등 다양한 종류가 있습니다.

나방은 '나비가 아닌 모든 것'

그렇다면 나비와 나방의 차이점은 도대체 무엇일까요?

곤충 무리 중에서 나비와 나방은 같은【나비목(인시류)】으로 분류되는 친구입니다. 나비목은 전세계에 약 2만종이 있습니다. 한국에는 약 270종 정도 나비가 있습니다. 이처럼 종류도 많아서 엄밀하게 구분하면 예외가 자꾸자꾸 나오는 것입니다.

성장 과정은 '완전 변태'의 전형

생물은 그 종에 따라 다양한 성장 과정을 거칩니다.

나비와 나방의 경우 알에서 애벌레, 번데기를 거쳐 성충으로 변태해갑니다. 이것을 완전 변태라고 합니다. 그 밖에 벌과 파리 등도 완전 변태를 합니다.

애벌레, 번데기, 성충의 모양에는 각각의 '목적'이 있습니다. 애벌레는 '먹는 것', 번데기는 '몸의 커다란 개조', 성충은 '종을 남기는 것'입니다.

특히 번데기는 안에서 몸 대부분을 일단 파괴하고 다시 만들어

갑니다. 그리고 일부 기관을 남기고 흐물흐물해집니다.

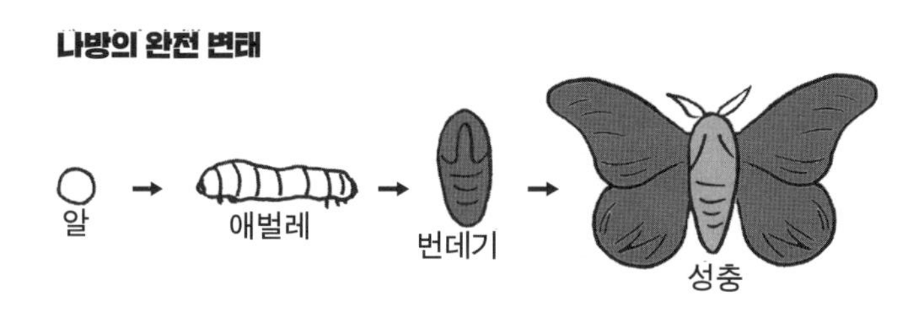

사람을 무는 송충이

애벌레 몸에 털이 많은 것을 송충이, 털이 적은 것을 배추벌레라고 하는데 송충이는 전체의 20퍼센트 정도입니다. 사람을 무는 송충이는 그중에서 2퍼센트 정도입니다.

우리 가까이에 있는 송충이 중에 피해를 많이 주는 것은 독나방이라는 종으로 독침 털이 있습니다. 독나방 애벌레는 4~6월과 8~9월, 연 2회 발생하고 동백나무, 산다화, 차나무 등 동백나무과의 식물에 군생하며 잎을 갉아 먹습니다. 그리고 독나방 애벌레뿐만 아니라 알, 번데기, 성충 역시 독침 털이 있어서 주의해야 합니다.

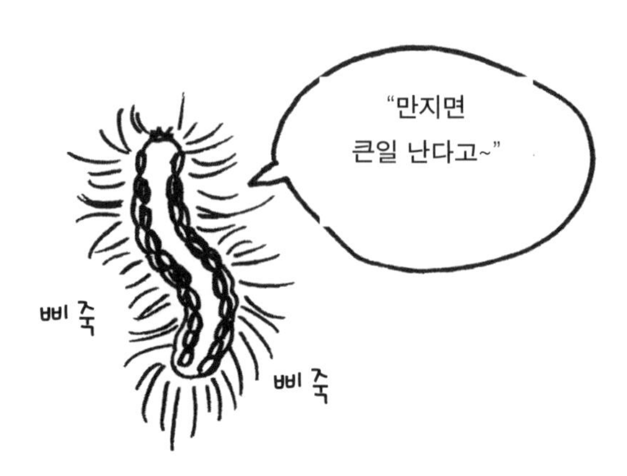

독침 털은 눈에 보이는 체모가 아니라 0.1밀리미터 정도의 미세한 털로 몇십만 개가 있다고 합니다. 표면에는 가시가 있어서 독침털이 빠지기 어렵게 되어 있습니다.

증상은 따끔따끔 아프고 2~3주 정도 격렬한 가려움증이 계속됩니다. 독나방 애벌레에 물렸을 당시에는 아픔이 거의 없고 나중에 증상이 나타나기에 성가십니다.

독침 털은 물렸을 때 입었던 옷에도 붙어 있거나 살충제를 뿌리고 난 뒤의 사체에도 있어서 주의해야 합니다.

23

잠자리

지구에서 가장 커다란 곤충은 잠자리였다고?

잠자리는 고속으로 날면서 급정지하고 공중에서 정지할 때도 있습니다. 잠자리 조상은 공룡 이전부터 살았고 상당히 커다란 몸을 가졌던 것 같습니다.

물속에서 공중으로

잠자리 유충을 수채라고 합니다. 수채는 물속에서 생활하고 턱을 쭉 뻗어서 먹잇감을 잡아먹는 육식 동물입니다.

날개가 생기는 시기면 식물 줄기나 건물 벽 등에 올라가서 몸을 고정해서 탈피합니다. 잠자리는 번데기 시기가 없습니다. 잠자리 같은 변태 방식을 불완전 변태라고 하는데 메뚜기, 매미 등도 불완전 변태를 합니다.

잠자리의 불완전 변태

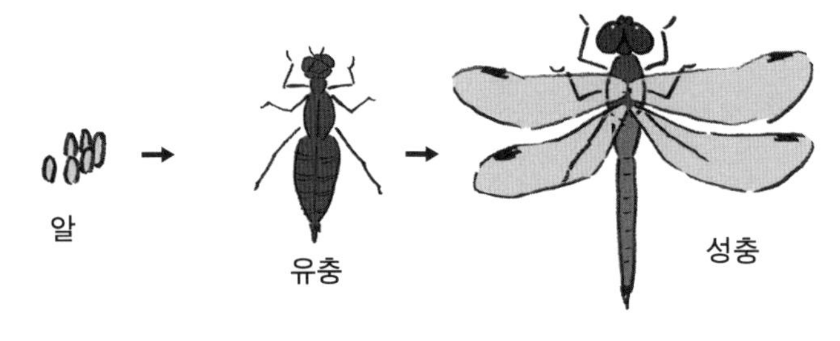

잠자리 눈은 몇 개일까?

잠자리 머리에서 많은 부분을 차지하는 것이 겹눈입니다.

잠자리 겹눈에는 2만 개가 넘는 홑눈이 밀집해 있고 시야는 270도라고 합니다. 잠자리 겹눈은 사물의 형태와 색깔을 구분할 수 있습니다. 얼굴 정면에는 홑눈이라고 불리는 눈도 세 개나 있습니다.

이 눈으로 잠자리는 밝기를 느낍니다.

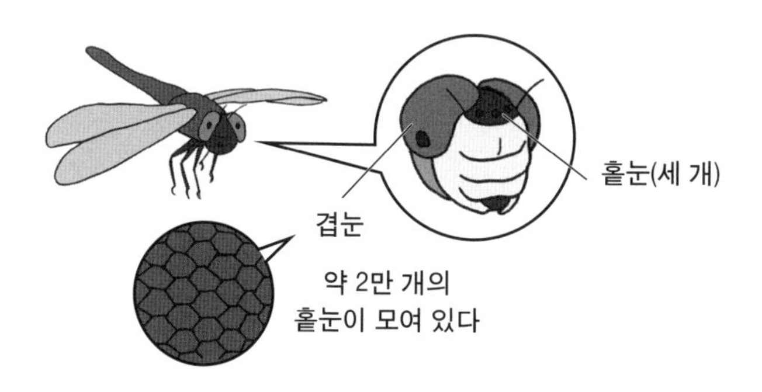

정말로 눈이 돌아갈까?

그런데 잠자리를 잡아서 잠자리 눈앞에서 손가락으로 빙글빙글 돌려본 경험이 있는 사람도 많이 있을 것입니다. 잠자리가 눈이 핑핑 돌아 어지러워 꼼짝 못하게 하려는 의도이지만 정말로 효과가 있는지는 알 수 없습니다.

확실히 경계심이 그렇게 높지 않은 고추좀잠자리, 여름좀잠자리 같은 고추잠자리 무리는 사람 손가락 움직임에 맞춰 머리를 움직입니다. 하지만 잠자리가 머리를 움직이는 것은 움직이는 뭔가를 탐지하고 주시하고 있을 뿐이라고 추정됩니다. 눈이 핑핑 돌아 어지러워서 꼼짝 못한다는 증거는 없습니다.

날개와 근육

장수잠자리 등 대형 잠자리라도 그다지 무겁지 않지만, 하늘을 날려면 중력을 거슬러야 합니다.

투명하고 얇은 날개로 중력을 거스르는 힘을 만들기 위해서 다양한 연구를 합니다. 먼저 잠자리 날개 강도입니다. 잠자리는 유충인 수채 시절에 작게 접혔던 날개는, 체액이 골고루 퍼지면서 쫙 펴집니다.

나중에 단단하게 굳어져서 마치 타워 트러스처럼 확실하게 날개 자체를 지탱하는 시맥(날개에 무늬처럼 갈라져 있는 맥)이 있는 날개가 됩니다. 잠자리는 네 쌍의 날개가 있습니다. 그 날개를 움직이는 근육이 흉부에 꽉 차 있습니다.

공중에서 정지하는 기술

만약에 사람이 수영장에서 두 손을 위아래로 움직이면 어떻게 될까요? 몸도 반대로 위아래로 움직이게 될 것입니다.

하지만 잠자리는 날개를 위아래로 움직이면서 정지할 수 있습니다. 공중에서 정지하는 기술을 호버링(hovering)이라는데 날개 네 장을 늠름하게 움직이기에 가능한 것입니다.

앞날개와 뒷날개 움직이는 방식을 바꿈으로써 비행을 안정시킵니다. 앞날개를 내릴 때는 뒷날개를 올려서 반동을 없애는 것입니다. 그리고 앞날개를 수직으로 내리고, 뒷날개는 비틀 듯이 하고 있는 등 잠자리는 상당히 섬세하고 교묘한 움직임을 합니다.

역사상 가장 커다란 곤충

역사상 가장 커다란 곤충은 잠자리의 조상인 메가네우라입니다. 메가네우라는 몸길이가 65센티미터나 되었다고 합니다. 약 2억 9천만 년 전 공룡이 나타나기 전인 고생대 석탄기 말기에 살았습니다.[1] 그런데 현재의 잠자리처럼 공중에서 정지하는 호버링 기술은 구사하지 못했다고 추정합니다.

---

1) 바퀴벌레는 고생대 석탄기에서 현재까지 모습과 형태가 거의 달라지지 않았습니다.

24

도마뱀, 장지뱀

어떻게 자신의 꼬리를 자를까?

파충류 중에서 흔히 보는 것이 도마뱀과 장지뱀입니다. 위험할 때에는 자신의 꼬리를 자르는데 꼬리가 다시 자라납니다. 도마뱀과 장지뱀, 비슷한 두 종을 어떻게 구분할까요?

파충류 몸의 표면은 비늘

지금 파충류[1]에는 뱀, 악어, 거북이, 도마뱀붙이[2], 도마뱀, 장지뱀 등이 있습니다. 파충류의 특징은 알을 낳아 번식한다는 점, 변온동물이라는 점, 그리고 몸 표면이 비늘이라는 점 등입니다.

우리 가까이에 있는 도마뱀과 장지뱀은 겉모습이 조금 다릅니다.

장지뱀은 비늘이 눈에 띄고 윤기도 없습니다. 하지만 도마뱀은 반짝거리고 비늘도 아주 작아서 눈에 띄지 않습니다. 새끼 도마뱀은 꼬리 부분에 새파란 금속광택이 있습니다.

꼬리는 장지뱀 쪽이 압도적으로 길어서 몸의 3분의 2 정도나 됩니다. 도마뱀은 꼬리가 몸 반 정도라서 그 차이는 또렷합니다.

왜 스스로 꼬리를 자를까?

도마뱀과 장지뱀, 두 종류의 또 하나 특징은 '잘려지는 꼬리'입니다. 적의 공격으로 생명이 위협을 받으면 꼬리 가장 끝부분을 스스로 자르는 행동을 하는데 이것을 '자절(自切)'이라고 합니다. 꼬리에

---

1) 파충류의 파(爬)는 '땅을 기어간다'라는 의미입니다.

2) 이름이나 모습이 비슷한 영원은 양서류로 물속에서 삽니다.

는 자절면이라는 잘려지는 곳이 있고 그래서 꼬리를 자르기 쉬운 것입니다.

잘려진 꼬리는 한동안 팔딱팔딱 움직입니다. 적이 잘려진 꼬리에 눈길을 빼앗긴 사이에 도마뱀과 장지뱀은 도망칩니다. 잘라진 부분에서는 피가 나지 않고 대부분의 경우 꼬리가 재생됩니다. 하지만 재생되는 것은 근육이나 표피로 뼈는 재생되지 않습니다. 그리고 자절이 아닌 경우 잘려지는 곳이 아니기 때문에 재생이 불가능합니다.

혀로 냄새를 탐지한다

도마뱀이나 장지뱀을 잡을 기회가 있으면 눈을 깜빡거리는 모습을 관찰해보세요. 동그란 눈에는 눈꺼풀이 있습니다. 하지만 눈을 감는 순간을 잘 살펴보면 도마뱀과 장지뱀은 크게 다르다는 것을 알 수 있습니다.

장지뱀은 눈꺼풀이 밑에서 위로, 도마뱀은 눈꺼풀이 위아래에서 나와서 중앙 부분에서 눈이 감깁니다. 속눈썹은 없지만, 눈을 깜빡거리는 순간은 꽤나 귀엽습니다. 도마뱀과 장지뱀은 혀를 쏙 내밀 때도 있습니다.

혀를 내밀면서 공기 중의 냄새 성분 등을 탐지하고 입안에 있는

야콥슨 기관(보습 코 기관)이라는 곳에서 확인하는 것입니다.[3]

잘 살펴보면 장지뱀은 혀끝이 두 갈래로 갈라져 있고 도마뱀은 혀가 쭉 곧은 하나입니다.

알 껍질은 부드럽다

도마뱀과 장지뱀은 각각 산란 방식이 다릅니다. 장지뱀은 낙엽 같은 것 위에 알을 낳고 방치하지만 도마뱀은 땅 속에 산란을 하고 한동안 암컷이 알을 지킵니다.

조류 알과 다르게 부드러운 껍질의 알은 안에 들어 있는 새끼 도마뱀의 성장에 맞춰 자꾸자꾸 몸집이 커집니다. 그러다 결국 안에서 어른 도마뱀과 똑같은 모양의 도마뱀이 태어납니다.

---

3) 야콥슨 기관은 사람에게도 있지만 대부분 사용되지 않고 퇴화되었습니다.

25

참새

왜 아침마다 짹짹 지저귈까?

우리와 가장 가까이에서 생활하는 작은 새는 참새입니다. 몸길이는 약 15센티미터, 몸무게 20~25그램 정도입니다. 한국에서도 텃새로 아주 많이 보는 새입니다.

요즘 참새가 잘 안 보인다?

최근 참새의 서식 수가 많이 줄었다고합니다. 그 명확한 이유는 정확히 알려지지 않았지만 참새의 번식 습성과 관련이 있는 듯합니다.

참새는 건물 틈 등을 이용해서 둥지를 짓습니다. 요즘 집에는 그런 틈이 적기 때문에 좀처럼 효율적으로 번식하지 못하게 된 것이 아닌가 하고 추정되고 있습니다.

옛날부터 사람 가까이에서 살고 있지만 참새는 경계심이 강하고 사람이 접근하면 바로 도망치는 습성이 있습니다. 몸이 자그마한 참새에게는 사실 많은 적이 있습니다.

예를 들면 까마귀가 그렇습니다. 영리한 까마귀는 참새를 직접 잡아서 먹어치울 뿐만 아니라 참새 둥지에서 자라고 있는 새끼 참새를 공격할 때도 있습니다. 그리고 고양이도 참새에게는 강력한 적입니다. 먹잇감뿐만 아니라 놀이로써 고양이가 참새를 사냥하기 때문에 참새로서는 견디기 힘든 존재가 고양이입니다.

경계심이 강한데도 사람과 함께 살아간다

참새는 집단으로 연계해서 생활하고 뭐든 먹는 잡식성입니다.

먹잇감을 발견하면 짹짹 지저귀며 친구를 불러 모읍니다. 경계하는 눈을 늘려 안전한 식사를 위해서입니다. 번식은 봄에서 여름까지 연 2회 정도 하는데 새끼 참새를 키우는 시기에는 하루에 300번 정도 먹이를 주러 왕복합니다.[1)]

경계심이 강한 새인데도 참새가 사람 곁에서 살아가는 것은 천적으로부터 몸을 지키기 위해서라고 알려져 있습니다.

아침에 짹짹 지저귀는 이유

참새라고 하면 아침에 활기차게 지저귄다는 인상이 있습니다.

사실은 아침에 지저귀는 것은 암컷의 주의를 끄는 구애 행동입니다. 먹이를 먹고 체력적으로 충실한 참새 개체는 번식을 생각합니다. 그러니까 즐겁게 지저귀는 것이 아니라 참새는 필사적으로 자신의 짝을 찾고 있는 것입니다.

1) 참새는 봄에는 논의 해충을 잡아먹는 '익조', 가을에는 벼의 낟알을 쪼아 먹는 '해조'입니다.

참새가 방앗간을 그냥 지나랴!

이런 속담을 다들 알고 있을 겁니다. 욕심 많은 이가 잇속 있는 일을 그냥 지나치지 않는다라는 뜻입니다 방앗간의 곡식을 참새가 좋아하는 먹이이기도 합니다. 조류는 일반적으로 후각이 뛰어나지는 않습니다. 그러니까 참새는 사람 냄새는 식별하지 못한다고 추정됩니다.

26

제비

비행 속도는 최대 속도 시속 200킬로미터?

제비는 대표적인 봄 철새입니다. 집 처마 등에 흙이나 지푸라기로 그릇 모양의 둥우리를 만들고 3~7개의 알을 낳습니다. 제비는 인연을 소중히 하는 새로 친숙하게 여겨집니다.

'연미복'의 유래

제비 꼬리는 길고 두 갈래로 나뉘어집니다. 이런 형태를 연미형이라고 합니다.

연미복은 '제비 꼬리 같은 옷'으로 겉옷 뒤쪽 자락이 길고 그 끝이 제비 꼬리처럼 두 갈래로 나누어져 연미복이란 이름이 붙었습니다.

제비는 엄청난 기세로 날아오다가 갑자기 각도를 확 꺾어서 유턴을 하거나 둥우리나 벽 앞에서 딱 멈춰서 그 자리에서 머물 수 있는 등 새 중에서 비행 능력을 극한까지 진화시켜온 새입니다. 천적에게 쫓기고 있을 때는 최대 속도 시속 200킬로미터 이상의 속도로 날 수 있다고 합니다. 날아가는 곤충을 잡아먹거나 수면 위를 날아가면서 물을 마십니다.

제비는 어디에서 날아왔을까?

제비는 3~4월에 날아와서 집 등에 둥지를 짓고 9월 중순에서 10월 무렵에 남쪽으로 돌아갑니다. 제비가 겨울을 나는 곳은 대만, 필리핀, 태국, 말레이반도 같은 동남아시아 지역입니다. 제비는 몸을 지키기 위해 사람 옆에서 둥지를 짓는 것으로 추정됩니다. 제비 천적은 까마귀 입니다. 곡물을 먹지 않고 해충만 잡아먹기 때문에 제비는 '익조'로 친숙해졌습니다. 참고로 둥지 재료를 구할 때 이외에는 거의 땅바닥에 내려오는 일이 없습니다.

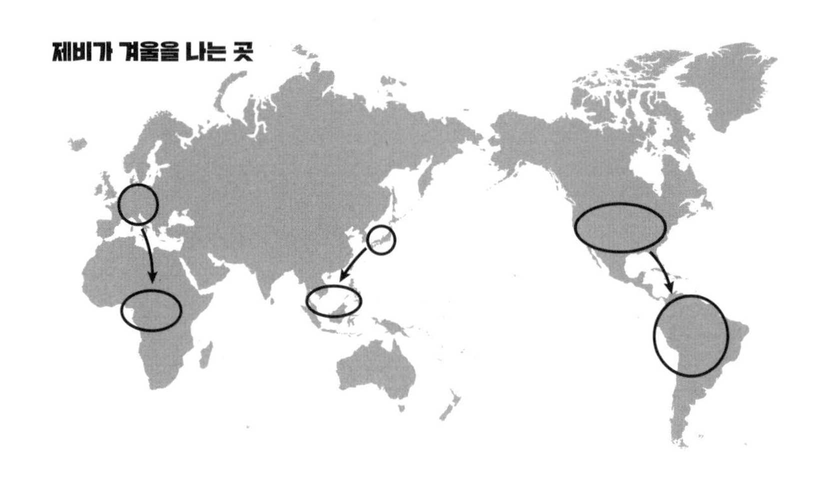

봄이 되면 제비가 찾아오는 곳은 한국, 일본 등 아시아, 유럽, 미국 여기저기서 제비를 볼 수 있습니다. 어디든지 봄이 되면 북쪽 지역으로 날아오고 겨울이 되면 남쪽 지역으로 돌아갑니다. 유럽 제비가 겨울을 나는 곳은 아프리카이고, 북미의 제비가 겨울을 나는 곳은 남미입니다. 유럽의 제비 연구에서는 '꼬리가 긴 수컷이 암컷에게 인기가 있다'라는 결과가 나왔지만 지역에 따라 조금씩 특징이 다릅니다.

27

박쥐

대부분 박쥐는 벌레를 잡아먹는다.

박쥐는 흡혈 이미지가 있지만 실제로는 남미에 있는 흡혈박쥐 정도로 대부분 박쥐는 벌레를 잡아먹거나 과일을 먹습니다.

박쥐의 기묘한 다리

박쥐의 몸은 쥐와 비슷하지만 앞다리(팔)가 굉장히 발달했다는 특징이 있습니다. 손가락 사이부터 몸통의 옆, 꼬리에 걸쳐 한 장의 막이 있어서 날개가 됩니다.

박쥐는 하늘 쥐를 뜻하는 '천서(天鼠)', 날아다니는 쥐를 뜻하는 '비서(飛鼠)'라고도 불립니다. 조류에 버금가는 비행 능력을 가진 포유류는 박쥐밖에 없습니다.

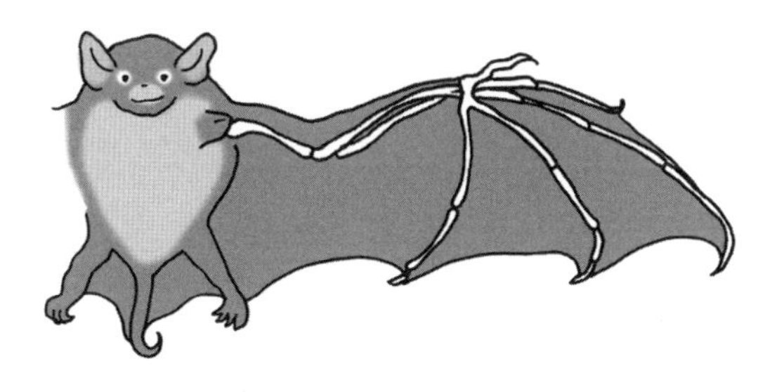

새와 마찬가지로 박쥐도 날지만, 날개는 깃털이 아니라 피막으로 뒤덮여 있습니다. 박쥐목은 포유류 전체 중 4분의 1 가까이 차지하고 쥐목 다음으로 많이 있습니다.

박쥐는 초음파를 발사하고 반사되는 소리로 사물의 위치를 파악합니다. 어두워도 부딪히지 않고 날아다닐 수 있는 것은 그런 이유 때문입니다.

뒷다리에 있는 발가락 다섯 개는 나무나 바위 등에 대롱대롱 매달리기 적합하도록 갈고리 모양입니다.

박쥐 젖

박쥐는 새끼를 젖으로 키우는 포유류 동물입니다. 박쥐는 매년 6~8월에 출산과 육아의 계절을 맞이합니다. 대부분 동굴이나 나무 구멍을 보금자리로 삼는데 해마다 그 시기가 되면 암컷들은 정해진 장소에 모여서 출산합니다. 막 태어난 새끼 박쥐는 털이 없는 알몸 상태로 눈도 보이지 않고 날아다닐 수도 없습니다.

박쥐는 한 번에 보통 한 마리에서 네 마리 정도 새끼를 낳습니다. 어미 박쥐에게는 옆구리에 하나씩 모두 두 개의 젖이 있습니다.

사람이 사는 집에 자리 잡은 집박쥐

집박쥐만 건물 등 사람이 사는 집 주변에 보금자리를 만들기 때문에 도심에서 종종 보게 됩니다.[1] 모기 등 해충을 잡아먹는 '이로

1) 낮에는 보금자리에 숨어 있던 박쥐는 저녁부터 행동을 개시합니다. 집이 없는 산간 지역 등에서는 박쥐를 보기 어렵습니다.

운 동물'인 측면이 있는 한편 똥오줌으로 오염과 냄새, 진드기를 발생시켜 사람에게 피해를 줄 때도 있습니다.

집박쥐는 어른이 되어도 4.2~5.5센티미터 정도입니다. 1.5센티미터 정도의 틈이 있으면 출입이 가능해서 기와 밑이나 벽에 붙인 널빤지와 벽 사이, 미닫이 문 틈, 천장 안, 환기구 등 건물 틈을 주요 보금자리로 삼고 있습니다. 11월 중순 무렵부터 3월 중순 무렵까지 박쥐는 겨울잠을 자러 갑니다.

28

토끼

왜 자신의 똥을 먹을까?

얌전하고 귀여운 토끼는 반려동물로도 인기가 많습니다. 귀가 밝아서 어느 곳에서 들려오는 소리인지 정확히 파악할 수 있습니다. 호주에서 크게 소동이 났던 적도 있을 정도로 토끼는 강한 번식력을 갖고 있습니다.

토끼는 목소리를 내지 못한다

토끼는 사람과 같은 방법으로 '목소리'를 내지 못합니다. 그래서 친구와 다른 방법으로 의사소통을 나눌 필요가 있습니다. 예를 들어 야생에서 생활하다 천적을 마주쳤을 때 토끼는 뒷다리로 땅바닥을 탁탁 차는 행동을 합니다. 불쾌감을 느꼈을 때도 같은 행동을 한다고 합니다. 토끼의 천적은 여우나 맹금류 등입니다.

나라에서 나서서 토끼를 없앴던 적도 있다

호주에서 벌어졌던 토끼 문제는 유명합니다. 사냥을 위해 넓은 대지에 풀어놓은 토끼 24마리가 한때 무려 8억 마리로 늘어나기도 했습니다. 원래 호주에는 토끼가 살지 않았는데 이로인해 목축용 양 등과 먹이 경쟁이 일어나서 크게 문제가 되었습니다.

1859년에 영국에서 이주할 때 가져온 토끼가 크게 번식한 사건입니다. 건조한 환경과 천적이 없었다는 점이 가장 큰 이유입니다. 유럽과 미국에서는 애초에 토끼 사냥이 스포츠 문화처럼 여겨지고 있습니다.

토끼는 왕성한 번식력을 갖고 있습니다. 발정기가 따로 있는 것이 아니라 교미 자극에 따라 배란이 촉진되는 교미 배란 동물이어서 언제든지 번식이 가능합니다.

다양한 방법으로 토끼를 없애려고 시도했지만 제대로 되지 못하고 마지막으로 점액종이라는 토끼 특유의 질병을 발생시키는 바이러스를 퍼뜨려서 없애는 상황까지 갔습니다.

점액종은 치사율이 높다고는 하지만 토끼를 100퍼센트 없애지는 못해서 아직도 해결하지 못한 상태입니다. 외래종의 유입이 불러오는 위험성을 시사해주는 모델이 되었습니다.

토끼가 똥을 먹는 이유

토끼 똥은 동글동글하고 단단하다고 여겨집니다. 하지만 점액 상태 토끼 똥도 있습니다. 더구나 이 점액 상태의 자기 똥을 토끼는 먹습니다. 이 똥을 '식변(맹장변)'이라고 합니다.

초식동물인 토끼는 맹장이 굉장히 발달해서 그곳에 대량의 미생물을 공생시키고 셀룰로오스 등 소화하기 어려운 물질은 미생물이 발효시키고 있습니다. 토끼는 맹장에서 셀룰로오스(식물 세포벽과 식물 섬유)를 분해하는 후장 발효 동물입니다. 셀룰로오스가 분해되어 아미노산, 지방산, 비타민 등이 만들어집니다.

하지만 맹장 다음은 결장으로 모처럼 소화해서 흡수할 수 있는 상태가 된 물질이 바로 배설됩니다. 그래서 토끼가 똥을 먹는 식분이라는 행동을 합니다.

훌륭한 귀는 무엇 때문에?

토끼 맹장은 위보다 크다

토끼는 확실히 훌륭한 귀를 갖고 있는데 어떤 능력이 있는 걸까요?

커다란 귀는 거의 360도에서 들려오는 소리를 구분할 수 있다고 합니다. 토끼는 귀를 좌우 각각 다른 방향으로 향하게 해서 소리가 나는 곳이 어디인지 정확히 파악할 수 있습니다. 그리고 사람에게는 들리지 않는 초고음역의 소리도 알아들을 수 있습니다.

토끼 귀는 라디에이터처럼 체온 조절 기능도 있습니다. 원래 땀샘이 적고 땀을 잘 흘리지 못하는 토끼는 체온 조절을 귀로 하는 것입니다. 귀에는 모세혈관이 퍼져 있고 그곳에서 혈액 온도를 낮춤으로써 체온이 낮아지는 구조입니다.

29

찌르레기

왜 역앞에 무리를 지어 모여 있을까?

찌르레기가 가로수와 전선에 앉아 있거나 몇백에서 몇천 마리가 무리를 지어 날아가는 모습을 보게 됩니다. 도시에서도 종종 볼 수 있고 악취와 지저귀는 소리 때문에 고생하는 지역이 있습니다.

무리 지어서 둥지를 짓다

찌르레기는 몸길이 24센티미터 정도로 참새보다 크고 비둘기보다 작은 새입니다. 몸 색깔은 온몸이 갈색이고 머리는 흑갈색이고 부리와 다리는 오렌지색입니다. 찌르레기가 날아갈 때는 허리 부분 흰색이 눈에 띕니다. "찌르찌르, 찌에찌에" 등 다양한 소리를 냅니다. 강가, 밭, 풀숲 등 개방적인 환경에 무리를 지어 생활하고 있습니다. 찌르레기라는 이름은 무환자나무의 열매를 먹는 것에서 유래하고 있습니다. 잡식성으로 벌레와 지렁이, 과일, 나무 열매를 먹습니다.

곤충 등을 먹기 때문에 농사를 지을 때 도움이 되는 새지만 감이나 무화과 등 과일류도 좋아해서 과수원에는 해를 끼치는 경우가 있습니다.

도심역 앞에 대형 무리가 있다

찌르레기는 번식기가 되면 나무 구멍이나 집 벽 틈, 미닫이문 틈 등에 둥지를 틉니다.[1] 봄부터 여름까지 번식기가 끝나면 무리를 지어서 생활하고 밤에는 둥지에 모여듭니다.

특히 겨울에는 한 지역에 몇만 마리가 둥지를 틀 때도 있습니다.

예전에는 산의 숲속, 대나무 숲에 둥지를 지었지만, 점차 사람에게 친숙해지면서 도시로도 진출해왔습니다. 사람이 있는 장소에는 찌르레기 천적이 적기 때문입니다.[2]

최근에는 찌르레기 피해가 문제가 되고 있습니다. 농산물과 수산물을 훼손할 뿐만 아니라 도시에서는 역 앞 가로수 등에 모여 앉아서 새똥을 싸서 악취를 풍기고 시끄러운 울음소리로 견디기 힘들기 때문입니다.

찌르레기는 대형 무리를 지어 생활하기 때문에 둥지인 나무밑은 새똥투성이가 됩니다. 그리고 잠이 들기 전까지 집단으로 시끄럽게 계속 지저귀어서 소음 문제가 생길 때도 있습니다.

---

1) 집에 찌르레기가 둥지를 틀면 진드기의 온상이 되기 때문에 방충망을 치거나 둥지를 없애는 것이 좋습니다.

2) 찌르레기의 천적은 매 등 맹금류, 뱀, 고양이 등입니다.

‘나뭇잎인 줄
알았는데 새다!!’

30

비둘기

편지를 배달하는 비둘기는 어떻게 가능한 걸까?

비둘기가 걷는 방식을 보면 고개를 앞뒤로 흔들면서 걷는 모습이 인상적입니다. 이것은 외부의 풍경을 안정적으로 보기 위한 움직임입니다. '이미지 안정장치'라고 생각하면 이해하기 쉽습니다.

자신의 똥이 있는 장소는 안전하다

공원 등에서 먹이를 노리고 다가오는 것은 집비둘기(바위비둘기)로 불리는 비둘기입니다.

나무 열매나 새싹, 식물성 먹이를 주로 먹고 곤충 등도 잡아먹습니다. 무리를 지어 행동하고 사람을 잘 따릅니다. 비둘기 개체 수가 너무 많이 늘어나서 배설물 피해도 발생하고 있습니다.

공원에서 종종 비둘기에 둘러싸여 있는 사람을 볼 수 있습니다. 비둘기가 단순히 모여 있는 것은 아닙니다. 먹이를 주는 사람을 기억하고 아주 먼 곳에서도 그 사람을 인지하고 날아와서 둘러싸는 것입니다.

비둘기는 식욕이 왕성해서 다른 새에 비해 많은 양의 똥을 쌉니다. 자신의 똥이 있는 장소를 안전하다고 여기고 자리를 잡고, 둥지를 짓고 번식할 때가 있습니다. 일년에 5~6회 번식이 가능합니다. 도심에서 비둘기의 천적이 되는 것은 까마귀와 고양이 정도로 다른 맹금류는 적기 때문에 쉽게 번식합니다. 알의 크기는 메추라기와 같은 정도입니다.

사람에게 옮기는 질병인 감염이나 진드기, 알레르기의 영향을 받을 때도 있습니다. 비둘기가 있는 곳을 주의깊에 청소하고, 위생에 신경써야 합니다.

수컷도 젖을 먹이며 새끼를 기른다

비둘기는 다른 조류와 달리 새끼를 기르는 방식이 독특합니다. 곤충류를 물어다 주는 것이 아니라 '비둘기 젖(pigeon milk)'이라는 젖을 먹여서 키웁니다.

비둘기 젖은 소낭유라고 하고 먹은 것을 일시적으로 보관해두는 소낭이라고 불리는 소화기관에서 만듭니다. 그래서 암컷뿐만 아니라 수컷도 비둘기 젖을 분비해서 둘 다 새끼 비둘기에게 줍니다.

이 비둘기 젖은 단백질과 지방이 포함되어 영양가가 상당히 높다고 합니다. 그래서 새끼 비둘기의 성장 속도가 다른 조류와 비교해서 놀라울 정도로 빠르다고 합니다. 알에서 부화한 새끼 비둘기는 약 20일 정도 지나면 둥지를 떠납니다.

귀소 본능이 강한 '전서구'

귀소 본능과 비상 능력이 뛰어난 비둘기는 예전에 전서구(傳書鳩)〈편지를 전해주는 비둘기〉로 불리며 중요한 통신 수단으로 쓰였습니다.

1000킬로미터 떨어진 곳에서도 이틀 정도면 다시 돌아올 수 있다고 하는데 그 상세한 이유는 알지 못합니다. 일반적으로 200킬로미터 정도 거리에서 전서구가 활용되었습니다.

지금은 전서구를 활용않고 있지만 비둘기 경주용이나 축제 등에서 쓰이는 비둘기도 귀소 본능을 이용하기 때문에 풀어줘도 다시 돌아옵니다. 시작 지점에서 각각의 비둘기 집까지 거리를 귀환할 때까지 필요한 시간으로 나눠 비둘기의 평균 분속을 산출해냅니다. 이 분속이 가장 빠른 비둘기가 우승합니다.

31

까마귀

쓰레기를 뜯어놓는 성가신 새? 아니면 길조?

쓰레기봉투를 뜯어놓는 까마귀 대책으로 쓰레기 집하시설에 망을 치거나 밤에 쓰레기를 수거해서 도쿄의 까마귀는 서식 수가 크게 줄어들었습니다. 그래도 까마귀는 머리가 좋아서 항상 여러 가지 학습하고 있습니다.

도시는 있을 곳도 음식물도 풍부하다

일상적으로 볼 수 있는 까마귀는 큰부리까마귀와 까마귀입니다.

큰부리까마귀는 영어로는 Jungle Crow라고 합니다. 원래 큰부리까마귀는 숲에서 사는 새입니다. 부리가 길고 두껍고 아치 모양으로 구부러져 있습니다. 그리고 '이마'에 해당하는 부분이 불룩 솟아올랐다는 특징이 있습니다.

한편 까마귀는 초원이나 강가처럼 넓고 탁 트인 장소를 좋아하는 듯합니다. 부리가 쭉 뻗어 있고 '이마'에 해당하는 부분이 불룩 솟아오르지 않은 모습입니다.

도시의 까마귀 서식 수 추이 (도쿄도 환경국 홈페이지에서)

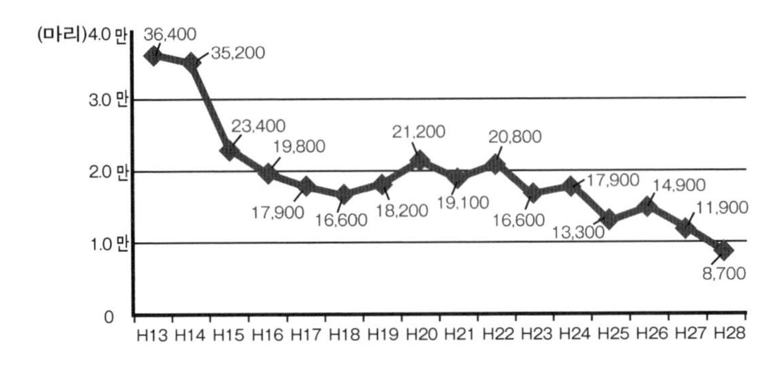

까마귀의 주요 식량은 사람이 버린 음식물 쓰레기입니다. 작은 새의 알과 새끼 새도 굉장히 좋아하기 때문에 도시에 늘어나는 직박구리와 염주비둘기는 제대로 둥지도 짓지 못하게 되었습니다. 새끼 고양이를 먹잇감으로 노리는 영리한 큰부리까마귀까지 있습니다.

상당히 지혜로운 새

까마귀는 조류 중에서도 가장 두뇌가 발달해서 지혜롭다는 말을 듣습니다. 동료와 의사소통으로 협력하며 행동을 함께합니다.

공중에서 조개나 호두를 땅바닥에 던져 깨어 알맹이를 발라먹는 등 까마귀의 지혜로운 행동은 유명합니다. 그중에서도 까마귀는 단단한 호두를 일부러 자동차가 밟고 지나가게 해서 깨서 먹곤 합니다. 이런 행동은 학습으로 익혀서 특정한 지역에서 했던 것을 보고 흉내 내서 퍼져나가게 된 것입니다.

까마귀는 부부가 협력해서 새끼를 키웁니다. 번식 시기는 봄부터 여름 사이로 둥지를 지을 때는 공격적으로 변합니다. 사람이 다가가면 까마귀가 사람을 공격하는 경우도 드물지 않습니다.

길조의 새 '삼족오'

까마귀는 미움을 받을 때가 많지만 옛날에는 영혼을 운반하는 영조나 길조를 나타내는 새로 여겨졌습니다. 삼족오는 다리가 셋이라는 특징이 있지만 이유는 모두 설뿐이고 확실한 것은 없습니다.

32

너구리

너무 겁이 많아서 바로 가사 상태가 된다고?

너구리는 주로 야행성으로 낮에는 나무 구멍이나 바위 밑 등에서 쉽니다. 잡식성으로 쥐 종류, 뱀, 개구리, 물고기, 게, 과일을 좋아하지만 때로는 사람이 남긴 음식물도 찾아다닙니다.

너구리는 주로 밤에 활동을 합니다.

너구리는 땅딸막한 체형으로 꼬리가 두껍다는 특징이 있습니다. 어떤 환경에서도 잘 적응해서 다양한 장소에서 살아가고 있습니다. 사람이 사는 집 근처나 도시에서도 너구리를 볼 수 있습니다. 너구리는 주로 야행성으로 낮에는 나무 구멍이나 바위 밑 등에서 쉽니다. 잡식성으로 쥐 종류, 뱀, 개구리, 물고기, 게, 과일을 좋아하지만 때로는 사람이 남긴 음식물도 찾아다닙니다.

깜짝 놀라면 가사 상태가 된다

너구리는 원래 겁이 많은 동물로 깜짝 놀라면 가사 상태가 될 때가 있습니다.

예를 들어 사냥꾼이 총으로 쏘면 총에 맞지 않았어도 죽은 것처럼 꼼짝도 하지 못하게 됩니다. 뇌는 어느 정도 깨어있기에 의식을 잃은 상태는 아닙니다. 시간이 잠시 흐른 뒤 너구리는 깨어나서 도망치게 됩니다. 너구리는 체형 때문에 공격에 대항하는 것도 도망치는 것도 힘들어서 오랜 시간 생존에 유리한 '너구리 잠에 빠진다'라는 대응 방법을 익힌 것이라고 추정합니다.

너구리 털은 붓글씨 털로도 쓰이지요.

야생 조류와 짐승 요리, 곰과 사슴, 멧돼지 요리는 먹어본 적이 있지만 너구리 요리는 먹어본 적이 없습니다. 옛날이야기에 따르면 너구리 요리는 굉장히 짐승 냄새가 강하고 맛이 없다고 합니다. 너구리 모피는 목도리와 코트에 이용되고 가느다란 털은 서예에 쓰는 붓이 됩니다.

< 생물교양2 >

생물은 크게 다섯 가지 그룹으로 나뉜다

생물에는 호흡한다, 영양분을 섭취한다(영양분을 만든다), 성장한다, 자손을 남긴다(동료를 늘인다), 세포로 이루어져 있다는 몇 가지 특징이 있습니다.

예전에는 생물을 동물과 식물, 두 가지로 나누었습니다. 동물은 다른 생물이나 사체에서 영양분을 얻습니다. 식물은 광합성을 해서 스스로 영양분을 만듭니다.

그중에서도 곰팡이와 버섯은 활발하게 활동하는 동물과는 확연히 달라서 식물 쪽으로 분류하던 때도 있었습니다. 하지만 곰팡이와 버섯은 엽록체를 갖고 있지 않고 기생 생활을 하여 생물 분류상 지금은 식물과는 구별해서 균류로 분류합니다.

현재 학교 과학 시간에 생물을 동물, 식물, 균류, 원생생물, 원핵생물(세균, 남조류), 다섯 가지로 분류합니다. 원생생물은 아주 커다란 그룹으로 아메바, 짚신벌레, 유글레나, 규조 같은 단세포인 작은 생물부터 다세포여도 몸 구조가 단순한 미역, 다시마 같은 해조류도 포함합니다.

동물, 식물, 균류, 원생생물의 세포는 핵막에 싸인 핵이 있고 미토콘드리아 등이 있어서 그 세포를 진핵 세포라고 합니다. 세포 내에 명확한 핵이 없이 DNA가 벌거벗은 상태로 존재하고 일반적으로 진핵 세포와 비교해서 아주 작은 것이 원핵세포입니다. 원핵세포로 이루어진 원핵생물에는 세균과 남조류 부류가 포함됩니다.

이렇게 생물을 동물, 식물, 균류, 원생생물, 원핵생물, 다섯 가지 그룹으로 나누는 경우가 많습니다. 세포로 이루어지지 않아서 생물이라고 명확히 말할 수는 않지만 다른 세포에 감염되어 복제 능력이 있는 바이러스 무리가 있습니다.

제3장
'산, 논밭, 들판'에 넘쳐나는 생물

33

메뚜기, 여치, 귀뚜라미, 방울벌레

잘 우는 곤충의 '귀'는 어디에 있을까?

메뚜기, 여치, 귀뚜라미, 방울벌레는 대표적으로 잘 우는 곤충 네 종류입니다. 틀림없이 귀가 있을 것입니다. 도대체 곤충은 어디로 소리를 듣는 걸까요?

귀가 어디 있는지 찾아봅시다

메뚜기, 여치, 귀뚜라미, 방울벌레 같은 곤충이 우는 이유는 암컷을 부르려고 날개를 비벼서 소리를 냅니다. 날개에 '울음판'이 있는 곤충은 수컷뿐입니다.

얼핏 보면 귀가 어디에 있는지 알 수 없는데 메뚜기는 흉부와 복부 사이에 귀가 있고, 여치와 귀뚜라미, 방울벌레는 앞다리에 귀가 있습니다.

메뚜기와 귀뚜라미의 귀 위치

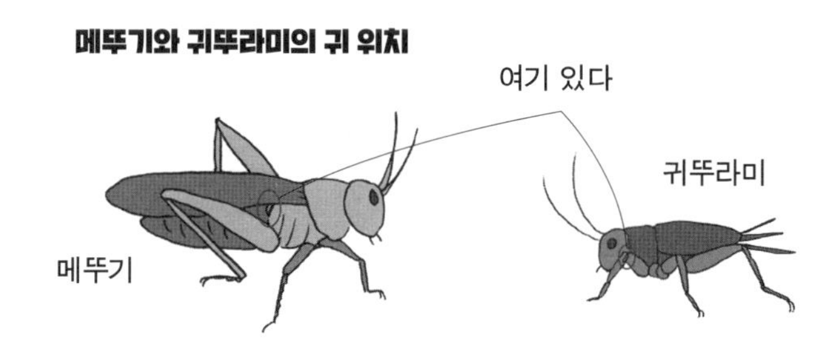

포악한 여치

각각 실루엣을 살펴보면 여치 뒷다리 길이가 눈에 띕니다. 이 긴 뒷다리 때문에 여치의 탈피는 굉장히 힘듭니다. 귀뚜라미와 메뚜기는 평지에서도 탈피를 할 수 있지만 여치는 평지에서는 탈피가 불가능합니다. 여치는 반드시 풀 뒤쪽 등에 붙어서 탈피합니다. 여치의 앞다리에는 커다란 가시가 잔뜩 달려 있습니다. 이것은 먹잇감

을 잡을 때 효과적으로 작용합니다. 여치 무리는 강한 육식성을 보입니다.[1)]

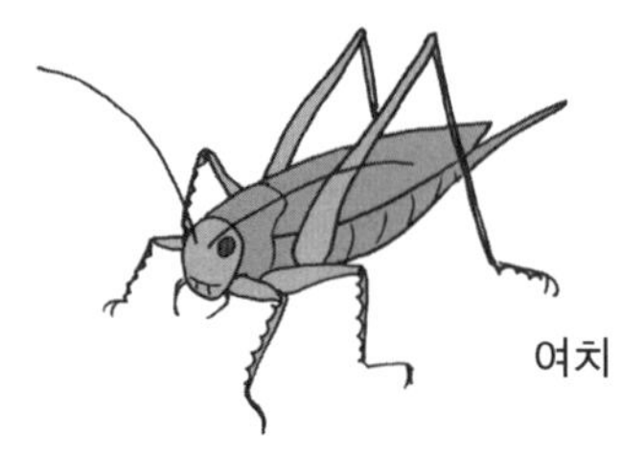
여치

메뚜기와 여치는 풀을 붙잡으려고 앞다리 끝에는 발톱뿐만 아니라 흡판도 발달했습니다. 이 흡판을 이용해서 수직 부분에 멈춰 있거나 기어 올라갈 수 있습니다. 더듬이는 여치가 다른 곤충과 비교해서 굉장히 길다는 것을 알 수 있습니다.

여치와 귀뚜라미 암컷 몸에는 긴 산란관이 있습니다. 여치와 귀뚜라미는 땅속에 산란관을 꽂고 알을 낳습니다. 메뚜기는 꼬리 부분을 땅에 꽂고 마찬가지로 땅속에 알을 낳습니다.

방울벌레 울음소리는 전화기로는 들리지 않는다?

여름 끝자락부터 우는 방울벌레 소리를 들으면 가을 풍류가 느껴집니다. 방울벌레 수컷 앞날개는 발음기를 위해 맥이 주름진 형

1) 여치는 굉장히 공격적이어서 서로 잡아먹을 때도 있습니다. 여치에게 물리면 아프기 때문에 조심하기 바랍니다.

태로 변형되어 아주 넓게 타원형으로 있습니다. 암컷 날개 맥은 규칙적이고 똑바로 되었고 보기에도 가느다랗습니다. 암컷은 꼬리에 알을 낳는 긴 산란관이 있어서 바로 구분할 수 있습니다. 메뚜기나 귀뚜라미와 다르게 방울벌레는 땅바닥을 걸어 다니기만 하고 톡톡 뛰어다니는 일은 거의 없습니다.

방울벌레

방울벌레의 울음소리는 전화기를 통해서는 들을 수 없습니다. 방울벌레 울음소리 주파수가 고음(약 4500헤르츠)으로 스마트폰 주파수(300~3400헤르츠)로는 전달되지 않기 때문입니다.

참고로 귀뚜라미와 여치의 울음소리 역시 고주파수라서 전화 통화를 하는 상대에게는 들리지 않습니다.

각각의 생존 기간과 주요 서식 장소를 알아보겠습니다. 여치가 가장 오래 산다는 점이 눈에 띕니다.

【생존 기간과 주요 서식 장소】

메뚜기 : 6월~11월, 들판
여치 : 3월~11월, 햇볕이 잘 드는 풀밭
귀뚜라미 : 7월~11월, 논, 숲, 강가, 도시
방울벌레 : 6월~10월, 들판

34

사마귀

왜 암컷은 교미 중에 수컷을 잡아먹을까?

힘 세기는 장수풍뎅이, 사슴벌레를 이길 수 없지만, 먹잇감을 노리는 사냥꾼으로서 솜씨는 사마귀가 가장 뛰어납니다. 사마귀는 자신보다 커다란 것이나 움직이는 생물을 잡아먹습니다.

산 곤충을 잡아먹는 사냥꾼

사마귀는 보호색을 능숙하게 이용해[1] 숨어서 기다리다가 먹잇감이 접근해오면 낫을 든 모습처럼 앞다리를 번쩍 들어 상대를 붙잡습니다. 살아있는 먹잇감을 사마귀는 날카로운 입으로 우걱우걱 씹어 먹습니다.

먹잇감을 잡는 속도가 아주 빠릅니다. 먹잇감이 부족하면 사마귀끼리 서로 잡아먹는 습성도 있는 사냥꾼입니다.[2]

사마귀 암컷은 특히 식욕이 왕성합니다. 사마귀는 뱀을 습격할 때도 있고 말벌을 잡아먹을 때도 있습니다. 사마귀는 교미를 할 때 암컷이 수컷을 먹어 치워버릴 때도 있습니다.

암컷은 알을 낳을 때 단백질이 많이 필요하고 수컷은 교미를 위해 스스로 희생하는 것이라고 합니다.

하지만 사마귀는 양서류, 파충류, 조류한테는 이기지 못합니다. 사실 사마귀는 개미한테도 약합니다. 개미가 무리를 지어 사마귀를 습격할 때도 있습니다.

---

1) 같은 종류의 사마귀라도 평범한 초록색 외에도 갈색 사마귀도 있습니다. 서식 장소에 따라 사마귀의 색깔이 변하기 때문입니다.

2) 사마귀는 먹잇감을 잡아먹은 뒤 앞다리에 묻은 찌꺼기를 정성스럽게 입으로 제거해서 청결을 유지하는 꼼꼼한 면도 있습니다.

기생충인 연가시가 사마귀에 기생할 때도 있습니다.

연가시는 수생 생물로 물속에서 사는 하루살이나 날도래 유충 등에 잡아먹힙니다. 하루살이나 날도래가 성충이 되어 사마귀에 잡아먹히면 연가시는 사마귀 배에서 성충이 됩니다. 연가시가 성충으로 성장해서 이번에는 숙주인 사마귀 뇌에 명령을 해 사마귀를 물속으로 들어가게 합니다. 그리고 연가시는 사마귀 배를 뚫고 나와서 다음 세대를 낳습니다.

눈동자는 언제나 당신을 보고 있다?

사마귀 겹눈을 잘 들여다보면 검은 점이 언제나 당신을 보고 있는 것처럼 보입니다. 하지만 사마귀는 눈동자가 없습니다. 당신을 보고 있는 듯한 검은 점은 '가짜 눈동자'라고 불립니다.

곤충 눈은 겹눈과 홑눈으로 나누어져 있는데 사마귀는 겹눈과 홑눈 둘 다 있습니다. 겹눈에는 많은 눈이 모여 있고 가짜 눈동자는 겹눈에 자리잡고있습니다. 홑눈은 겹눈과 겹눈 사이에 세 개가 있고 빛을 감지합니다. 사마귀는 밤에도 활동하지만 눈 기능이 그것을 돕습니다.

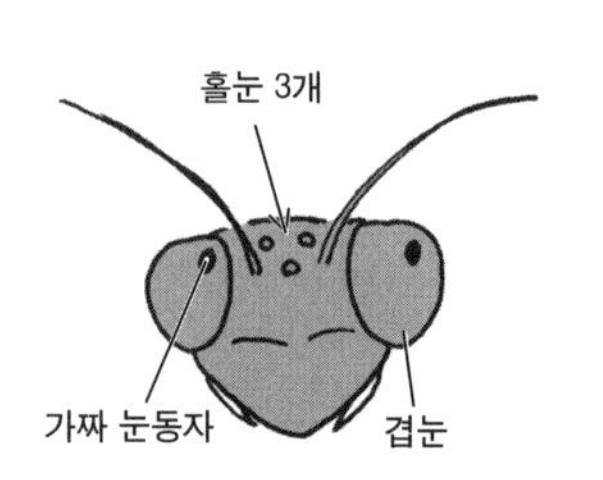

사마귀는 적설량을 예지할 수 있다?

사마귀는 보온성이 높은 스펀지 상태의 알 덩어리를 낳습니다. 이 알 덩어리 높이는 눈이 쌓이는 높이를 예측해서 파묻히지 않는 높이에 낳는다는 유명한 설이 있습니다. 사마귀가 알을 낳는 것은 10월 무렵으로 다음 해 4~5월 무렵에 부화합니다.

하지만 이것은 검증 결과의 오류라는 결론이 나왔습니다. 만약에 눈이 쌓여서 알이 다양한 이유로 죽어버린다면 사마귀는 가장 높은 위치에 알을 낳을 것이기 때문입니다.

35

장수풍뎅이 · 사슴벌레

뿔이 겨우 두 시간 만에 자라는 이유는?

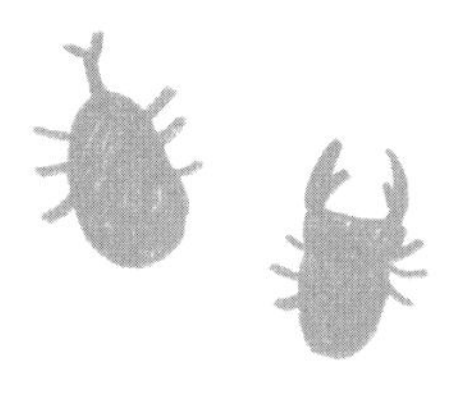

장수풍뎅이나 사슴벌레의 가장 매력적인 것은 훌륭한 뿔과 턱입니다. 눈은 거의 보이지도 않고 코도 없고 촉각이 그 역할을 담당합니다.

뿔이 두 시간 동안 완성되는 이유

장수풍뎅이는 30~85밀리미터이고 몸은 검은색을 띤다.

한국, 일본, 중국 등에 분포하고 야행성으로 밤에는 불빛에도 날아든다.

장수풍뎅이는 훌륭한 뿔로 자기 몸무게 20배나 되는 무게를 끌 수 있습니다.

애벌레 상태 유충이 번데기가 되고 탈피를 시작해서 두 시간 만에 이미 훌륭한 뿔이 생겨납니다. 왜 이렇게 빠른 시간에 뿔이 완성되는지 최근에 그 원리가 밝혀졌습니다.

장수풍뎅이의 뿔은 세포 분열이나 세포 이동 등으로 생기는 것이 아닙니다.

유충인 장수풍뎅이는 각원기라 불리는 주머니 상태의 쭈글쭈글하게 접힌 것이 있고 여기에 혈액과 같은 조직액이 흘러들어 뿔이 되는 것입니다. 이제까지 수수께끼투성이였던 메커니즘이었지만 외골격의 동물이 같은 구조로 다양한 모양을 만들어내는 것이 아닐까 하는 학설이 있고 앞으로의 연구가 기대되는 상황입니다.

수액이 있는 곳은 촉각으로 찾는다

장수풍뎅이와 사슴벌레는 상수리나무, 졸참나무 수액을 빨아 먹으며 생활합니다. 달콤한 수액은 어떻게 찾아내는 걸까요? 장수풍뎅이와 사슴벌레는 눈이 잘 보이지 않고 코도 없습니다.

수액이 나오는 곳은 촉각을 열어놓은 곳에 있는 구멍, 즉 감각공을 이용해서 찾는 것입니다. 암컷 냄새도 이 촉각을 이용합니다. 촉각이 눈과 코의 역할을 담당하고 있습니다.

장수풍뎅이와 사슴벌레의 촉각

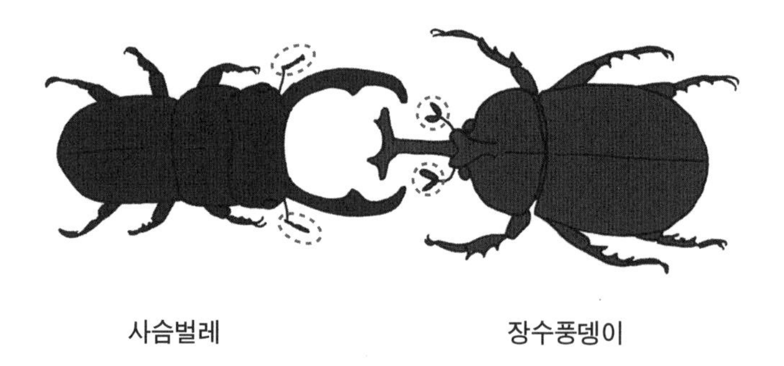

수액은 숲속 레스토랑 같은 곳이기에 근처에 많은 곤충이 모여 있습니다. 그곳에 장수풍뎅이나 사슴벌레가 오면 바로 그 순간 '좋은 장소 쟁탈전'이 시작됩니다. 싸움 끝에 내동댕이쳐진 쪽이 그곳에서 떠나는 수밖에 없습니다. 무엇보다도 암컷에게는 훌륭한 뿔이나 턱은 없습니다. 암컷은 쓸데없는 싸움은 그다지 하지 않고 우수한 수컷과 교미를 하고 알을 낳는 데 힘을 씁니다. 사슴벌레는 큰 턱이 사슴뿔을 닮아서 붙여진 이름입니다. 주로 한국, 일본, 중국 등에 살고 있습니다.

36

휘파람새

우는 소리가 휘파람소리와 비슷해서 휘파람새

매화꽃 필 무렵 동네 근처에서 지저귀는 휘파람새는 봄을 알리는 새로 친숙합니다. 휘파람새 날개 색깔에서 이름이 붙은 '황록색'은 어떤 색일까요?

휘파람새 색깔은 황록색이 아니다

휘파람새는 참새목 휘파람샛과에 속하고 참새 정도의 크기입니다. 휘파람새 색깔이라고 하면 어떤 색깔이 떠오르나요? 황록색을 떠올리는 사람이 있지만 실제로는 좀 더 수수한 색깔입니다. 휘파람새는 암컷도 수컷도 등 쪽은 갈색을 띤 녹색(녹색에 갈색과 검은색이 섞인 것으로 녹색보다는 갈색에 가깝다)이고 배는 흰색입니다. 우는 소리가 휘파람소리와 비슷하여 휘파람새라 불리는 것으로 추정합니다.

휘파람새 색깔을 황록색이나 엷은 녹색이라고 오해하게 된 것은 휘파람새는 숲속에 살고 있어서 좀처럼 실물을 볼 수 없다는 것과 같은 시기에 종종 볼 수 있는 동박새와 혼동한다는 말이 있습니다.

수컷의 영역 선언

이른 봄 아름다운 목소리로 지저귀는 휘파람새. 들이마시는 숨, 내쉬는 숨으로 가슴을 한껏 부풀려서 지저귑니다. 휘파람새는 봄이 깊어지면 평지부터 높은 산까지 각지의 조릿대나무 숲에 둥지를 짓습니다.

'휘파람소리를 내면서 지저귀는 것은 수컷이고 영역 선언으로 암컷에게 '여기 영역을 만들었어, 번식 준비가 다 됐어'라는 것을 알리고 있습니다. 휘바람새의 지저귀는 소리는 봄이 오기 직전부터 한여름까지 들을 수 있습니다.

처음에는 서툰 지저귐으로 출발해 점점 능숙하게 지저귀고 봄이 깊어지면 휘파람새는 산으로 돌아가서 둥지를 짓습니다.

'휘파람새 똥'은 피부에 좋다고?

하얗고 반들반들 매끈매끈한 피부는 많은 여성의 바람으로 여성들 사이에 입소문이 나서 오랫동안 인기를 끄는 세안 재료 중 하나로 '휘파람새 똥'이 있습니다. 하지만 지금은 화학 화장품 보급으로 사용하지 않습니다. 그렇지만 자연 화장품으로 아직도 휘파람새 똥이 일부 사용됩니다.

사육하는 휘파람새 똥을 사용한다지만 실제로는 휘파람새는 대량 사육은 어려워 상사조[1)]라는 작은 새의 똥을 이용하는 듯합니다.

이 화장품은 똥을 햇볕에 건조하여 자외선 살균을 하고 가루로 만든 것입니다. 다른 세안 재료를 섞어서 보조제처럼 사용되기에 향료가 적당히 들어 있는 세안제를 쓰면 새똥 냄새는 신경 쓰이지

1) 상사조는 먹이를 많이 먹고 똥을 엄청나게 싼다고 알려져 있습니다.

않을 정도인가 봅니다.

휘파람새뿐만 아니라 동물은 섭취한 음식물 전분, 단백질, 지방을 소화기관 안에서 다양한 효소로 작은 분자로 만들어 소화 분해해서 체내로 흡수시킵니다. 그 효소가 피부의 낡은 각질(단백질로 이루어진) 등을 분해할 가능성이 있습니다.

37

뱀

어떻게 커다란 먹이를 통째로 삼킬 수 있을까?

동그랗고 귀여운 눈동자와 온후한 성격이 매력적이어서 요즘 뱀을 키우는 사람이 늘어나는 듯합니다. 그런데 독이 있는 뱀도 있고 먹이를 통째로 삼키는 등 무서운 인상도 강한 것이 뱀입니다.

왜 뱀은 다리가 없어졌을까?

뱀 조상은 도마뱀의 친구입니다. 조상인 도마뱀은 원통형 몸통과 꼬리에 짧은 다리 네 개가 있었다고 추정합니다.

1억 3천만 년 전~2천만 년 전 무렵 대형 파충류, 원시 포유류, 조류 등에 습격을 당해 잡아먹히던 도마뱀 무리 중 일부가 땅속이나 바위틈으로 도망쳐서 살게 되고 다리가 퇴화되어 뱀으로 모습이 바뀌었다고 추정합니다.

뱀눈이 '안경'이라고 불리는 투명한 막으로 뒤덮여 보호되는 것은 땅속을 이동할 때 안구가 상처를 입지 않도록 진화했기 때문입니다.

다리가 없지만 뱀배에는 직사각형 모양의 '복판'이라는 비늘이 있고 그것으로 지면을 지탱하고 근육을 수축시켜 앞으로 나아갑니다. 복판을 이용해서 배를 지면의 약간 튀어나온 곳에 걸치고 다른 부분을 구불구불하게 해서 파상 운동(타행 운동)을 합니다.

자신보다 커다란 먹이를 통째로 삼키는 원리

뱀은 자신의 몸보다 훨씬 커다란 동물이라도 아무렇지도 않게 통째로 삼킬 수 있습니다.[1)]

---

1) 악어나 염소를 통째로 삼키는 모습 등이 확인되고 있습니다.

이것은 뱀의 위아래 턱뼈가 느슨하게 결합되어서 턱뼈가 자유롭게 움직여서 입을 커다랗게 벌릴 수 있기 때문입니다.

뱀 이빨은 날카롭고 뒤쪽을 향해 구부러졌습니다. 일단 잡은 먹이는 뱀 이빨 때문에 입에서 바깥으로 도망가지 못하고 턱 움직임으로 안쪽으로 밀려들어갑니다.

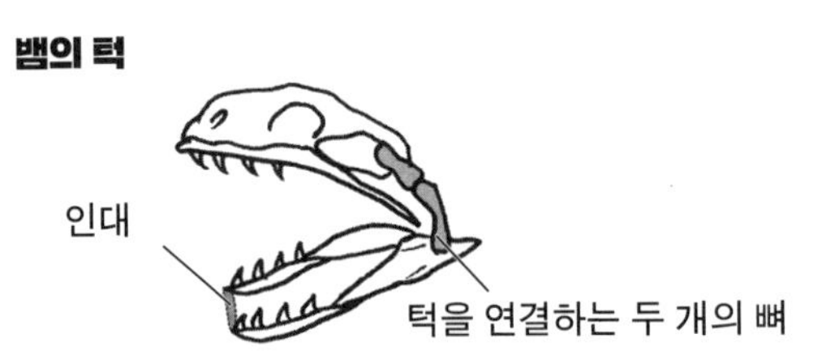

몸 안의 뼈에도 특징이 있습니다. 그것은 복장뼈가 없다는 것입니다. 사람의 갈비뼈는 복장뼈로 고정되어 있지만 뱀의 경우에는 복장뼈가 없어서 커다란 먹이를 통째로 삼켜도 갈비뼈가 부드럽게 열리게 됩니다.

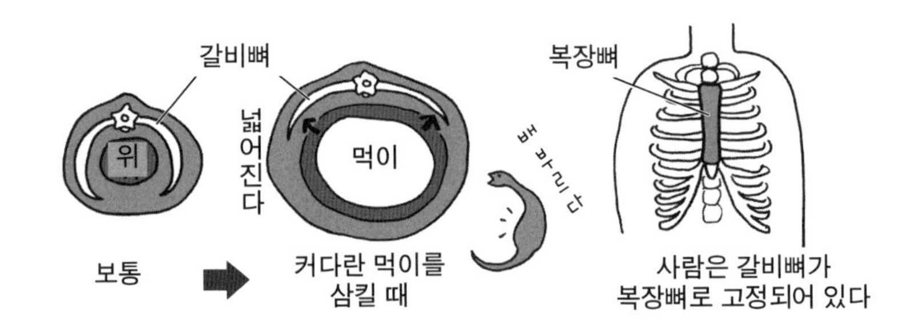

먹이를 통째로 삼킨 뒤 천천히 소화되기를 기다립니다. 커다란 먹이라면 몇 주 동안, 때로는 몇 개월 동안 소화를 시킵니다.

똬리를 트는 것은 방어 자세

같은 장소에 머물 때 뱀은 똬리를 틀고 있습니다. 이것은 몸을 쭉 편 상태로 있으면 뱀을 노리는 독수리, 매 등에 무방비로 노출되는 부분이 많기 때문입니다.

특히 뱀의 배는 단단한 비늘이 뒤덮여 있는 등과 달리 부드러워서 방어력이 부족합니다. 그래서 뱀은 자신의 배를 감추려고 똬리를 틀고 있는 것입니다. 살모사는 물가나 풀숲 등에서 살아갑니다.

살모사의 독성은 반시뱀보다 강하지만 살모사는 반시뱀보다 작고 독량은 적습니다. 바로 병원으로 달려가면 큰일이 나는 경우는 별로 없습니다.

살모사의 엄니

독사에게 물리면 피가 나고 아프고 붓고 급성신부전, 호흡부전 등이 일어날 때도 있습니다. 독사에게 물렸다면 상처보다 심장에 가까운 쪽을 가볍게 묶고 재빨리 의료 기관을 방문하는 것이 중요합니다.

38

닭

인플루엔자 백신은 달걀에서 만든다고?

예전에는 시골 집 마당에 풀어놓고 닭을 많이 키웠습니다. 하지만 지금은 그것보다는 가둬놓고 목적에 따라 집단 사육을 많이 합니다. 현재 전 세계에서 사육되는 닭은 총 160억 마리로 추정됩니다.

암컷에 대한 어필

닭의 원종은 동남아시아에 분포하는 적색야계라고 추정합니다. 일년에 한 번 봄 번식기에 산란하고 암컷이 둥지에서 알을 품습니다. 한번 산란하는 수는 4~6개고 연간 산란 수는 20개 정도입니다.

이 닭은 날 수 있습니다. 수컷은 산뜻한 깃털 색을 띠고 얼굴에는 분홍색 피부가 노출되어 있습니다. 머리 꼭대기에는 빨간색 닭 볏이, 목에는 한 쌍의 육수가 있습니다.

닭 볏과 육수는 수컷 쪽이 커서 암컷에 대한 어필 역할을 한다고 알려졌습니다. 암컷은 수컷과 비교하면 몸집이 작고 닭 볏도 작고 수수하고 꼬리가 짧다는 특징이 있습니다.

"꼬끼오" 하는 울음소리는 닭이 집단 내 서열을 주장하는 것입니다. 서열이 높은 수컷부터 순서대로 웁니다.

동남아시아에서 전 세계로

적색야계에서 난용종, 육용종이라는 식으로 품종 개량을 한 닭이 전 세계에서 사육됩니다.[1)]

난용종의 흰색 레그혼은 일년에 230~280개의 알을 낳습니다. 흰색 레그혼은 원종이 갖고 있던 알을 따뜻하게 품는 포란 행동을 하지 않습니다. 따라서 스스로 부화시킬 수 없고 모두 전기부란기로 부화시킵니다. 하루에 100그램 정도 먹이를 먹고 무게 60그램 정도 알을 낳습니다.

흰색 레그혼은 교미를 하든 하지 않든 약 25시간에 한개 비율로 알을 낳습니다. 보통 많이 판매되는 알은 교미를 하지 않은 무정란입니다.

알에서 깨어나서 두 달 만에 출하

식육용 영계를 브로일러(broiler)라고 합니다.[2] 성장이 빠르고 약 2킬로그램 사료로 체중을 1킬로그램 증가시킬 수 있고 부화 후 8~9주째(두 달 넘어)에 출하됩니다.

백신을 달걀에서 배양

인플루엔자 백신은 닭의 유정란(발육 계란)을 이용해서 제조합니

---

1) 닭을 사육하는 것을 '양계'라고 합니다.

2) 원래는 통구이용(broil) 영계를 의미하지만 지금은 식육용 영계를 뜻합니다. 브라질이 전 세계에 최대 생산국입니다.

다. 이것은 살아 있는 세포에 바이러스를 감염시켜서 바이러스를 증식시킬 필요가 있기 때문입니다. 달걀은 안정되게 대량 입수할 수 있어서 유용합니다. 하지만 달걀을 이용한 배양은 아무래도 시간이 오래 걸립니다. 달걀 한 개에서 제조할 수 있는 바이러스 양도 한정됩니다. 그래서 서둘러 백신을 만드는 데 한계가 있습니다.[3)]

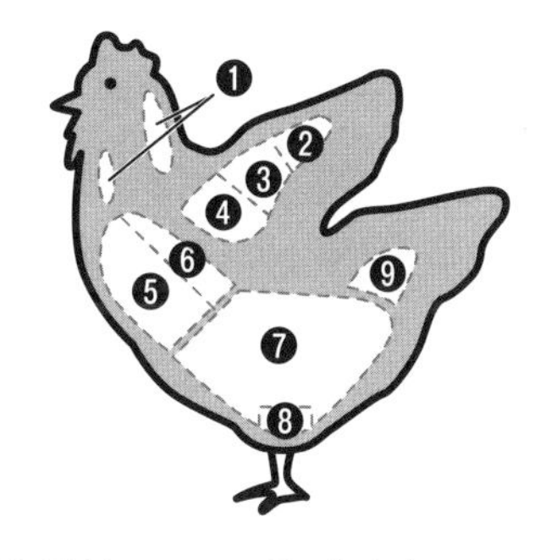

❶ 목살 ❷ 앞날개 끝
❸ 앞날개 중간 ❹ 앞날개 뿌리
❺ 가슴 ❻ 연한 가슴살
❼ 넓적다리 ❽ 연골
❾ 꼬리뼈 부위

인플루엔자 백신을 만드는 방법

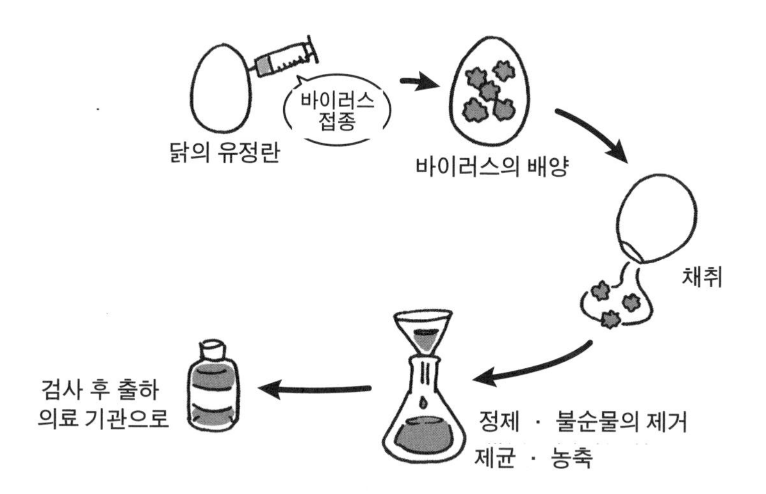

3) 2018년 현재 유전자 변형 기술을 이용한 백신 제조가 실용화되어 있습니다.

39

양

왜 양모는 겨울에 따뜻하고 여름에 시원할까?

스웨터 등 양모 제품으로 친숙한 양털은 매년 3~5월에 깎습니다. 이불이나 단열재 등으로도 이용하는 양모에는 어떤 특징이 있을까요?

가축화는 신석기 시대부터

온화한 성품의 양은 인간에게 이로운 동물로 일찌감치 가축화되었다고 추정합니다. 기원전 6000년 정도의 메소포타미아 유적에서 양 뼈가 대량으로 나온 것으로 미루어 이미 그 무렵부터 가축화되었다는 것을 추측할 수 있습니다. 양의 당초 이용 목적은 모피였다고 생각합니다. 가죽과 살, 젖은 양보다 염소 쪽이 더 뛰어나기 때문입니다.

양모가 따뜻한 이유

양모 제품은 많이 유통되고 있습니다. 특히 품종 개량으로 만든 메리노종이라는 양털은 굉장히 우수하고 현재도 많이 이용합니다.

메리노종의 털은 흰색입니다. 메리노종의 털은 가늘고 염색하기 쉬워서 많이 이용됩니다.

양모를 현미경으로 관찰하면 사람 머리카락과 마찬가지로 표면에 큐티클이 있습니다. 이 큐티클 때문에 물빨래를 하면 펠트 상태가 됩니다. 양모는 물빨래를 하면 줄어들고 딱딱해져서 전용 세제를 이용합니다.

양모는 털 한 올 한 올이 수축되기에 공기를 품기 쉽고 이 공기가 단열재 역할을 합니다. 그래서 열전도성이 낮아서 양모는 겨울에 따뜻하고 여름에 시원한 것이 특징입니다. 양모는 탄성이 높아서 형태가 무너지거나 주름이 잘 지지않고, 통기성이나 흡습성이 있어서 땀이 잘 차지않고 물을 튕겨내는 장점도 있습니다. '열전도성이 낮다'라는 것은 열이 전달되기 어려운 단열성이 높은 것을 의미합니다. 그래서 주거용 단열재에도 사용됩니다.

양고기는 다이어트에도 좋다?

요즘은 양고기를 쉽게 먹을 수 있습니다. 새끼 양은 램, 성장한 어른 양은 머튼이라고 합니다. 양고기는 소고기보다 기름기가 적고 'L-카르니틴'이란 성분이 포함되어 있습니다. 카르니틴은 지방을 연소, 대사시키는 '지방의 운반책'입니다. 지방의 원천이 되는 지방산은 미토콘드리아라는 곳에서 에너지로 변환됩니다. L-카르니틴은 그 지방산을 미토콘드리아로 운반하는 역할을 담당하고 있습니다.

100그램당 카르니틴 함유량은 머튼이 208밀리그램, 램은 80밀리그램, 소고기는 60밀리그램, 돼지고기는 35밀리그램으로 머튼의 카르니틴 함유량이 다른 것들보다 많습니다.

하지만 대사에 좋은 영향을 미치는 것은 확실하지만 카르니틴을 섭취하면 다이어트가 된다고 단순하게 말하기는 어렵습니다.

40

염소(산양)

왜 종이를 먹어도 괜찮을까?

염소는 개 다음으로 사람이 많이 기를 정도로 오래 전부터 키우던 가축입니다. 예전에는 방목해서 많이 키웠습니다.

염소와 양은 어떻게 다를까?

염소는 양과 마찬가지로 소 친구입니다.

염소 뿔은 약간 활 모양으로 휘어서 뒤쪽으로 뻗어 있고 꼬리는 짧고 위쪽을 향해 서 있습니다. 염소 수컷은 훌륭한 턱수염이 나 있습니다.

양 뿔은 뱅글뱅글 소용돌이를 치듯 뻗어 있고 보통 꼬리는 길게 늘어져 있습니다. 양은 턱수염이 나지 않습니다.[1)]

염소와 양, 모두 초식성이지만 염소는 풀 이외에도 나뭇잎이나 나무순을 좋아합니다. 하지만 양은 풀밖에 소화하지 못합니다.

염소는 모피, 고기, 젖 등을 얻기 위해 각지에서 다양한 품종이 만들어졌습니다. 털을 얻는 품종으로는 터키 원산지로 모헤어를 생산하는 앙고라와 겨울 털이 고급 직물의 원료가 되는 캐시미어가 유명합니다.

염소는 왜 종이를 먹을까?

염소는 종이를 먹어치우는 이미지가 있는데 왜 그럴까요?

원래 염소는 나뭇잎 먹는 것을 좋아합니다. 이파리의 섬유질인

1) 그 중에는 수염이 나지 않는 염소, 수염이 나는 양도 있습니다.

단단한 잎맥도 소화할 수 있습니다. 한편 옛날에는 나무껍질 섬유질을 따로따로 떼어내 물에 적신 것을 골라내어 종이를 만들었습니다.

섬유질을 좋아하는 염소에게는 종이도 좋아하는 먹이로 생각되었던 것 같습니다. 하지만 지금 종이는 식물 섬유질뿐만 아니라 다양한 물질이 첨가되어 있습니다. 따라서 염소에게 되도록 종이는 주지 않는 것이 좋겠습니다.

야생화한 염소가 숲을 파괴

과거에 식용으로 들여왔던 염소가 야생화하여 숲을 파괴하는 사례가 있습니다.

원래 염소는 혹독한 환경에서도 잘 번식하는 귀중한 가축입니다. 식물 잎이나 싹을 다 먹어치우고 나무껍질이나 나무뿌리까지 먹어서 무성한 숲이 맨땅이나 풀이 난 땅으로 변해버리거나 나아가서는 사막화되거나 생태계가 파괴되는 문제까지 발생합니다.

41

사슴

멋진 뿔은 뼈가 아니라 피부?

사슴은 사슴과에 딸린 포유동물로, 몸길이 90~130cm, 몸높이 40~230cm, 몸무게 10~800kg으로 종에 따라 차이가 심합니다. 우리 나라 · 중국 · 일본 등지에 분포합니다.

뿔이 생기고 떨어질 때까지

사슴이라고 하면 훌륭한 뿔이 특징적이지만 뿔은 수컷만 있습니다. 그림처럼 사슴은 성장하면서 뿔이 갈라져 나옵니다. 이렇게 갈라져 나온 뿔은 매년 봄에 떨어져버립니다. 그것을 낙각이라고 합니다.

매년 봄에 떨어진 뿔은 여름에 새롭게 자랍니다. 그런데 처음에는 딱딱한 뿔이 아닙니다. 대각이라고 표면은 마치 벨벳처럼 털이 자라서 부드럽고 만지면 따뜻한 느낌이 드는 뿔입니다.

대각 안쪽에는 다량의 혈액이 흐르고 칼슘이 점점 쌓여서 뿔을 형성합니다. 이 때 뿔은 신경도 지나가고 부딪히기라도 하면 큰일납니다. 이 시기에 수컷 사슴은 얌전하고 싸움을 하지 않습니다. 소중한 자신의 뿔을 키우기 위해서입니다.

이윽고 성장하면 혈액 흐름이 멈추고 피부가 벗겨져 떨어져나갑니다. 피부를 벗기려고 사슴은 나뭇가지 등에 비비는 듯한 행동을 합니다.

뿔은 여름이 끝나갈 무렵에 완성됩니다. 표면을 뒤덮고 있는 벨벳 상태의 피부는 그 역할을 끝내고 점차 벗겨져서 떨어집니다. 마침내 사슴의 훌륭한 뿔이 완성되는 것입니다.

이런 점에서 알 수 있듯이 사슴 뿔은 뼈가 아닙니다. 피부가 딱딱하게 굳어진 각질입니다.

뿔을 자르지 않아도 저절로 떨어진다

뿔이 완성될 무렵 사슴은 발정기를 맞습니다. 수컷 사슴은 자신의 자손을 남기려고 암컷 쟁탈전을 되풀이하고 영역 다툼을 합니다. 이때 사슴은 뿔을 무기로 씁니다. 이긴 쪽 사슴이 자신의 자손을 남길 수 있게 됩니다.

발정기 사슴은 굉장히 성질이 난폭해집니다. 그래서 위험할 때도 있어서 사람이 사슴의 뿔을 잘라줍니다.

물론 뿔을 자르지 않아도 2~3월 이른 봄에는 뿔이 깨끗하게 떨어집니다. 정말로 뚝 하고 떨어져버립니다. 그리고 사슴은 다시 온순한 성질이 됩니다.

사슴은 야산의 나뭇잎이나 나무 열매, 풀, 낙엽에서 나무껍질까지 식물이라면 뭐든 다 먹습니다. 하루에 5~10킬로그램도 먹습니다. 먹을 게 줄어드는 겨울, 눈이 많이 쌓이는 지역에서는 사슴이 굶어 죽는 일이 적지 않습니다

42

말

땀을 잔뜩 흘리는 것은 말과 사람뿐?

말은 예로부터 가축으로 이용되었으며, 경주용 · 농사용 · 애완용 등으로 품종이 개량되었습니다. 종류에 따라 어깨높이가 200cm에 달하는 수렛말, 144cm 이하인 조랑말, 그 중간 크기인 승용마로 구분합니다. 주로 검은색, 적갈색, 흰색 등을 띠고 수명은 보통 20~25년 사이입니다. 한국에는 재래마인 제주마가 있으며, 천연기념물로 지정되어 2,500여 두의 제주마가 사육되고 있습니다.

조상은 발가락이 다섯 개

말의 가장 오래된 조상은 에오히푸스(히라코테륨)입니다. 지금부터 약 5,200만년 이상도 전에 북아메리카 대륙에서 에오히푸스가 생활했던 것이 화석으로 분명해졌습니다. 습지가 많은 숲속을 걸어다니면서 새싹이나 나무의 부드러운 잎을 먹으며 생활했다고 추정합니다.

에오히푸스의 몸길이는 약 25~45센티미터로 소형견이나 중형견과 비슷한 정도의 크기입니다.

에오히푸스의 발가락은 원래 다섯 개였습니다. 그런데 진화 과정을 거쳐 앞발가락이 네 개, 뒷발가락이 세 개가 되었습니다.

철저하게 품종 개량된 말

경주마를 뜻하는 서러브레드(Thoroughbred)라는 명칭은 '철저하게(thorough) 품질 개량한 것(bred)'이라는 어원에서 왔습니다. 빠른 말끼리 교배시켜서 더욱 빠른 말을 만들어냅니다.

서러브레드의 역사는 17세기 초반 무렵 영국인이 동양종인 수컷과 영국 재래의 암컷과 교배시켰다고 합니다. 400년 이상 역사가 있는 것입니다. 서러브레드는 시속 60~70킬로미터의 속도로 달립니다. 보통 말은 시속 50킬로미터 정도로 달립니다.

땀을 잔뜩 흘리는 포유류

사람은 달리면 땀을 잔뜩 흘립니다. 하지만 개나 고양이가 온몸에 땀을 흘리고 있는 것을 본 적이 없습니다. 개나 고양이도 땀샘을 갖고 있지만 네 발바닥의 작은 부분에만 있기 때문입니다.

하마도 온몸으로 붉은 땀을 흘리는데 이것은 햇볕에 타거나 피부가 건조해지는 것을 막기 위한 것으로, 체온 조절에 도움이 되는 것은 아닙니다.

포유류 중에서 체온을 낮추기 위해 온몸의 피부 표면에서 대량의 땀을 분비시키는 것은 말과 사람 정도입니다. 말은 땀을 흘리고 수분을 증발시킬 때의 기화열[1]로 체온을 조절합니다.

---

1) 액체는 표면의 열을 빼앗아서 증발시킵니다. 그때 빼앗은 열을 '기화열'이라고 합니다. 땀을 흘리면 체온이 낮아지는 것은 그 때문입니다.

말은 발끝으로 서 있다고?

말의 발을 잘 살펴보면 사람과는 뼈의 움직임이 달라 보입니다. 사실은 말이 땅바닥에 붙이고 있는 것은 '발바닥'이 아니라 '발가락 끝'입니다. 발꿈치를 들어서 발굽을 땅바닥에 붙이는 '까치발' 상태입니다.

이런 동물을 발굽 보행 동물이라고 하고 소, 코끼리, 기린 등도 마찬가지입니다. 더구나 말의 다리에 있는 발가락은 중지 이외에는 퇴화하고 한 개만 눈에 띄게 되었습니다. 요컨대 중지만으로 서 있는 상태인 것입니다.

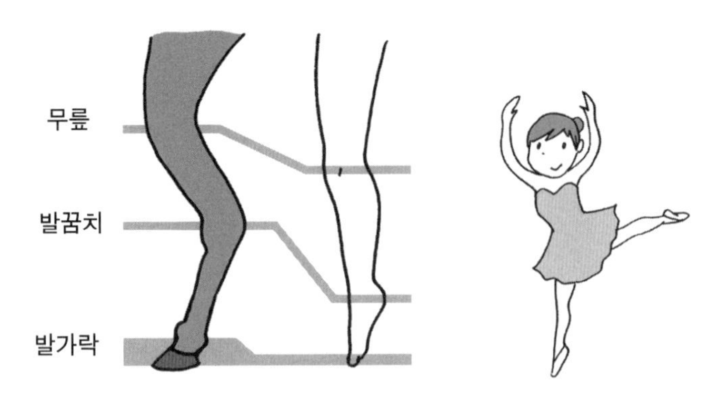

시야는 350도나 된다

말의 눈동자는 사람과 다르게 옆으로 길고[2] 눈동자 위치도 얼굴 옆에 있어서 시야는 350도나 됩니다. 초식 동물인 말은 자신의 몸을 지키려고 위험을 재빠르게 탐지할 수 있는 눈이 되었다고 추정합니다.

하지만 시야가 넓으면 다양하게 신경 쓰인다고 합니다. 그래서 서러브레드는 경쟁 중에 신경이 분산되지 않도록 옆 가리개(blinker)를 쓰고 달립니다. 앞쪽에 집중해서 달릴 수 있도록 하는 것입니다.

2) 옆으로 긴 눈동자를 가진 동물은 말 외에 양, 염소, 소, 하마 같은 초식 동물이 있습니다.

43

돼지

멧돼지를 품종 개량한 경제적인 동물?

식용으로 오래전부터 길러온 돼지는 야생 멧돼지를 가축화한 것으로 사람이 품종 개량을 해서 탄생했습니다. '쓸 수 없는 것은 목소리뿐'이라는 말을 들을 정도로 경제적인 동물입니다.

맛있는 돼지고기는 잡종으로 만들어진다

우리가 먹는 돼지고기 대부분은 랜드레이스와 대요크셔라는 품종의 암컷 교잡종으로 두록저지 수컷을 교배해서 만든 돼지입니다.[1)]

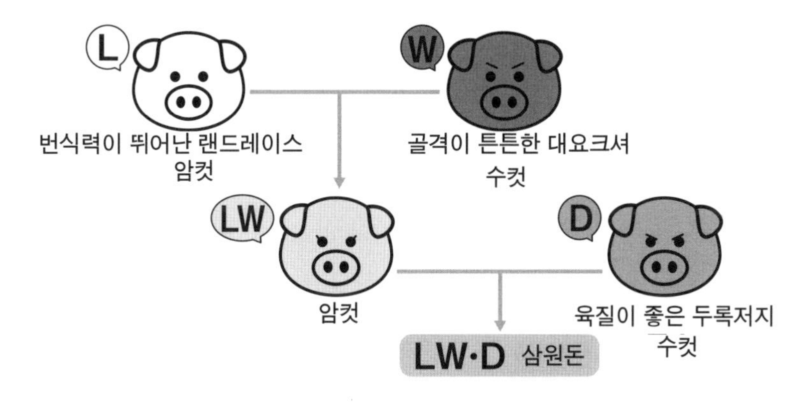

교잡으로 태어난 새끼는 부모 어느 한쪽보다도 튼튼하고 발육도 우수합니다. 이것을 잡종 강세라고 합니다.

랜드레이스, 대요크셔라는 돼지는 새끼를 많이 낳고 두록저지라는 품종의 돼지는 고기 양이 많고 발육이 빨라서 맛있는 고기를 잔뜩 얻을 수 있습니다. 삼원 교잡종이라서 삼원돈이라고 부릅니다.

---

1) 교잡이란 동물, 식물의 다른 종, 또는 다른 품종의 암컷과 수컷을 교배시켜 잡종을 만들어내는 것입니다. 이종 교배라고도 합니다..

원래 돼지는 잡식 동물로 풀이든 고기든 다 먹습니다. 하지만 가축으로 돼지를 사육하는 양돈에게는 콩과 옥수수를 중심으로 하는 배합 사료를 주는 것이 일반적입니다.

사람이 만들어낸 경제적인 동물

멧돼지는 뭐든지 다 먹고 새끼를 많이 낳아서 사람이 멧돼지를 가축으로 삼으려고 긴 세월 동안 개량해서 지금의 돼지를 만들었습니다.

야산을 뛰어다니는 멧돼지는 돼지와 비교해서 훨씬 똑똑하고 콧등이 길고 수컷의 아래턱 송곳니는 엄니가 되어 바깥으로 비쭉 나옵니다. 성질이 난폭하고 동작도 기민하고 달리기도 빠르고 헤엄도 잘 칩니다.

한편 가축이 된 돼지는 개량할수록 성질이 온순하고 고기를 많이 얻을 수 있게 하반신이 뚱뚱하고 코뼈가 짧고 주걱턱입니다.

돼지는 멧돼지에 있는 엄니(송곳니)가 없는데 이것은 젖니일 때 사람이 부러뜨려서 뽑아버리기 때문입니다. 멧돼지에게 있는 꼬리도 서로 뒤얽히지 않도록 잘라버립니다. 돼지는 철저하게 '경제적인 동물'로 사육합니다.

돼지는 멧돼지보다 발육이 빠릅니다. 돼지는 태어나서 6개월 정도 지나면 몸무게가 90킬로그램이 되고 그때 출하됩니다. 멧돼지와 비교해서 두배 속도로 자랍니다.

그리고 번식력도 왕성해서 멧돼지는 보통 일년에 한 번, 평균 5마리(3~8마리)의 새끼를 낳습니다. 반면 돼지는 일년에 2.5번 정도 새끼를 낳을 수 있습니다. 새끼 수에 맞게 멧돼지 젖은 5쌍, 총 10개이고 돼지의 젖은 7~8쌍, 총 14~16개가 있습니다.

성장해서 새끼를 낳는 데 멧돼지가 2년 이상 걸리는 데 비해 돼지는 4~5개월밖에 안 걸립니다.

세계 3대 진미 '트러플'은 돼지가 찾아냈다

돼지 코가 커다란 것은 조상인 멧돼지의 코가 커다랗기 때문입니다.

멧돼지는 들판이나 숲에서 땅바닥 흙을 파고 지렁이와 곤충의 유충, 식물 뿌리를 먹고 살아왔습니다. 이때 코는 굉장히 중요합니다.

먼저 땅속에 음식물이 있나 없나 냄새를 맡아서 구분하는 날카로운 후각이 필요합니다. 땅을 팔 때는 코를 삽처럼 사용합니다. 그래서 돼지 코는 크고 단단하게 되어 있습니다.

프랑스 요리에서 땅속에 있는 트러플이라는 버섯이 빠지지 않는 재료입니다. 이 트러플을 찾을 때 암퇘지를 이용합니다. 트러플은 수퇘지가 내뿜는 페로몬과 비슷한 냄새 물질이 있어서 수퇘지는 숲을 걸으면서 냄새를 구별하고 이 버섯을 찾아냅니다. 트러플은 푸아그라, 캐비아와 더불어 세계 3대 진미 중에 하나로 땅속 약 30센티미터에서 자랍니다.

쓸 수 없는 것은 울음소리뿐?

돼지는 거의 온몸의 살을 다 먹을 수 있어서 '쓸 수 없는 것은 울음소리뿐'이라는 말을 듣습니다. 돼지의 주요 부위별 명칭은 다음과 같습니다.

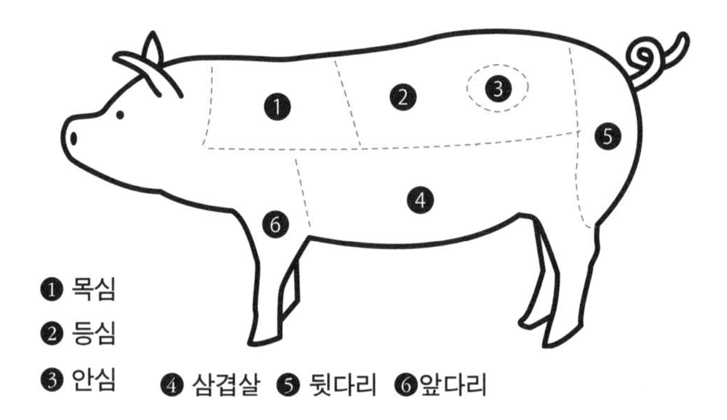

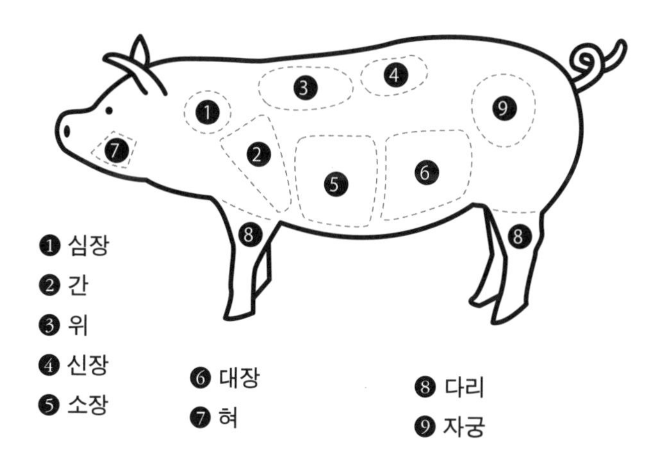

❶ 심장
❷ 간
❸ 위
❹ 신장
❺ 소장
❻ 대장
❼ 혀
❽ 다리
❾ 자궁

44

소

소의 위는 몇 개나 될까요?

우유와 소고기는 우리 생활 속에서 깊숙이 자리잡고 있습니다. 하지만 여러 가지 잘 알지 못하는 것도 많습니다. 지금부터 소의 생활에 대해 살펴봅시다.

네 개의 위가 있다

소의 커다란 몸에는 위가 네 개있습니다. 원래 위는 주름위(제4 위)로 그것보다 앞에 있는 식도 부분을 분화시킨 아주 커다란 혹위(제1 위), 벌집위(제2 위), 겹주름위(제3 위)까지 있습니다.

소의 위가 네 개인 이유는 소화하기 어려운 먹이 때문입니다. 소를 보고 있으면 언제나 입을 움직이고 있습니다. 소는 먹은 것을 뱉어 내서 씹습니다. 이렇게 다시 뱉어 내서 씹는 동작을 되풀이합니다. 이것을 반추라고 하는데 소 이외의 반추동물로는 염소, 양, 기린, 사슴 등이 있습니다.

특히 혹위(제1 위)에는 대량의 미생물이 있어서 소화하기 어려운 셀룰로오스 분해를 돕고 있습니다. 셀룰로오스는 천연 식물의 3분의 1을 차지하는 탄수화물로 분해하기 어렵다는 특징이 있습니다.

혹위(제1 위)에서 소화를 도와주는 미생물은 주름위(제4 위)에서 동물성 단백질로 소화 흡수되어 소의 영양분이 됩니다.

혹위(제1 위):	미생물로 식물을 분해, 발효시킨다
벌집위(제2 위):	반 정도 소화된 풀을 다시 입으로 되돌린다
겹주름위(제3 위):	분해된 풀이 잘게 부수어진다
주름위(제4 위) :	소화, 흡수된다

젖소의 대표는 홀스타인 품종입니다.

소는 우유를 만들어내고, 고기도 제공해줍니다. 물론 각각 특화된 종이 있습니다.

젖소로 가장 우수한 소는 흰색과 검은색 얼룩무늬로 유명한 홀스타인 품종입니다. 우유를 만드는 젖소는 출산한 뒤의 암컷뿐으로 인공적으로 수정하고 임신시켜서 우유를 짜내는 것입니다. 우유를 만들지 못하는 수컷 홀스타인은 육우로 키웁니다.

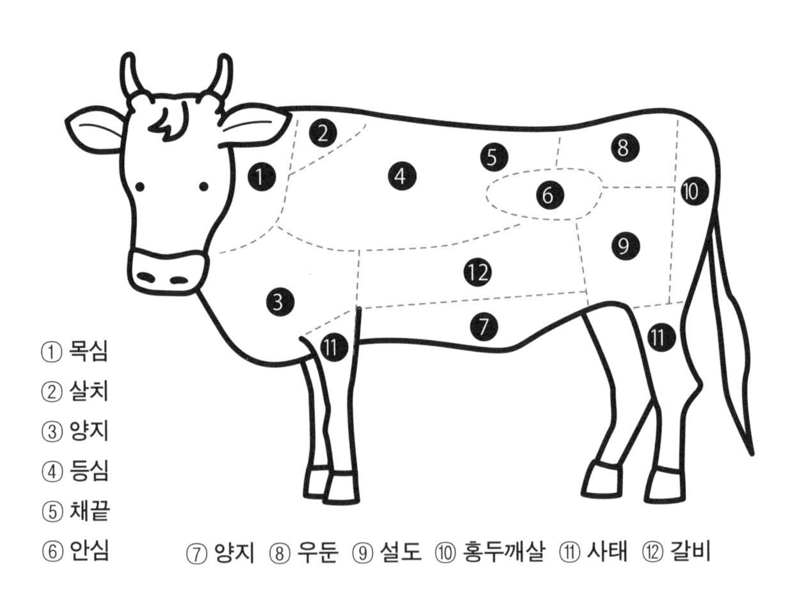

가축화는 신석기 시대보다 전에

고대 문명 유적을 보면 소를 가축화해서 이용해온 역사를 엿볼 수 있습니다. 가축화한 것은 신석기시대보다 훨씬 예전이 아닌가 하는 설이 지금은 유력합니다. 소는 힘이 강해서 농경과 운반에 딱 좋아서 요즘도 그렇게 사용하는 나라가 적지 않습니다.

45

곰

곰을 만났을 때 '죽은 척'해도 효과가 없다고?

곰이라고 하면 테디베어나 구마몬 같은 귀여운 캐릭터가 유명합니다. 그런데 산에서 나물을 캐러 나간 사람이 곰에게 습격을 당하는 사례도 늘어나서 무서운 인상도 있습니다.

왜 사람을 습격하는가?

곰은 굉장히 지혜로운 동물입니다. 그런 곰이 왜 사람을 습격할까요?

원래 곰은 사람을 보면, 스스로 피한다고 합니다. 그런데 곰이 사람을 습격하는 것은 양쪽이 딱 맞닥뜨리는 상황 때문에 그렇습니다.

방울을 흔들거나 라디오를 틀고 걸으면 곰을 피할 수 있다는 말을 종종 듣습니다. 하지만 바람이나 지형의 관계로 곰이 알아차리지 못할 때도 있습니다.

새끼 곰을 데리고 다니는 어미 곰은 특히 주의할 필요가 있습니다. 어미 곰이 아주 신경이 날카로워져 있기 때문입니다.

그리고 어린 곰은 감정을 제어하지 못할 때가 많습니다. 부모를 떠나서 영역을 확보하려고 불안해하거나 사람에게 관심을 품고 함께 뛰어놀기도 하고 힘을 시험해보기도 합니다. 새끼 곰이 착 달라붙어 장난을 치는 것과 힘을 시험해보는 것은 엄연히 다르기에 조심해야 합니다.

'죽은 척'을 해서는 안 된다

곰과 마주치게 된다면 '죽은 척을 하는 것이 좋다'라는 이야기가 있지만 이것은 전혀 효과가 없습니다. 실제로는 도망치는 수밖에 없습니다.

하지만 곰은 시속 50킬로미터 속도로 달릴 수 있어서 사람과 승부가 되지 않습니다. 달라지 않고 등을 보이지 않고 말을 걸면서 천천히 뒷걸음질 치는 것이 최선이라고 합니다. 어쨌든 곰을 흥분하게 만들지 않고 거리를 두는 것이 가장 좋습니다.

큰곰과 반달가슴곰

큰곰은 잡식성으로 머위 꽃대 같은 식물이나 도토리 같은 열매, 가을에는 강을 거슬러 올라오는 연어나 송어를 잡아먹으며 지냅니다. 반달가슴곰은 큰곰보다는 훨씬 작지만 힘이 아주 셉니다. 새까만 털에 뒤덮여 있고 가슴에는 하얀 브이(V)자 무늬가 있습니다. 나무를 잘 타고 굴을 파거나 헤엄치는 것이 특기입니다.

북극곰은 겨울 잠을 자지 않는다.

곰은 동면을 합니다. 가을에 에너지원이 되는 지방을 잔뜩 축적해서 겨울잠 준비를 합니다. 추울 때는 활동하지 않고 에너지 소비를 최소한으로 하기 위해 체온이나 심박 수, 호흡 수도 줄입니다.

겨울잠을 잘 때는 음식물이나 물도 전혀 먹지 않습니다. 그리고 암컷 곰은 겨울잠을 자는 기간에 보통 두 마리의 새끼를 낳습니다. 줄무늬 다람쥐 등의 겨울잠과 달리 곰의 겨울잠은 관찰하기 어렵고 아직 많은 수수께끼에 싸여 있습니다. 북극곰은 얼음 위에서 사냥을 하기 위해 겨울잠을 안 잡니다.

에너지 소비를 낮추기 위해 몸은 동면 상태로 활동하기에 '걸어 다니며 겨울잠'을 잔다고 합니다. 북극곰은 땅에서 사는 육식동물 중에서 가장 덩치가 크고 주로 바다표범을 잡아먹습니다.

대왕 판다는 곰?

'판다'는 대왕 판다(곰과)와 레서 판다(레서 판다과)로 나누고 대왕 판다는 곰의 친구입니다. 언뜻 보면 곰과 대왕 판다는 다른 종처럼 생각됩니다. 실제로 대왕 판다를 '대왕 판다과'로 독립시켜야 한다는 의견도 있지만 DNA 검사 결과에 따라 곰과에 속합니다.

중국이라는 한정된 지역에서만 판다가 서식합니다. 그런데 대왕 판다가 주로 먹는 것은 조릿대 잎입니다. 한편 곰에게는 조릿대를 먹는 이미지가 없습니다.

판다도 육식성 소화기관을 갖고 있어서 애초에 섬유질이 많은 조릿대 잎은 충분히 소화하지 못합니다. 그래서 먹은 조릿대 잎의 80퍼센트는 소화하지 못하고 똥으로 배출됩니다. 그런데 판다의 똥은 그렇게 구리지 않습니다.

판다가 이런 식습관을 갖게 된 것은 생존 경쟁을 피해서 중국 산악 지대의 깊은 곳에서 일 년 내내 풍부하게 얻을 수 있는 조릿대 잎을 먹고 몸을 지키기 위해서라고 추정합니다.

<생물교양3>

동물은 어떤 생물인가?

동물은 스스로 영양분을 만들지 못합니다. 그래서 다른 생물을 먹어서 영양분을 섭취합니다. 동물은 척추가 있느냐 없느냐로 크게 척추동물과 무척추동물로 나눕니다. 척추는 등골뼈를 말합니다.

◎ 척추동물

척추동물은 등골뼈 끝에 두개골이 붙어 있고 그곳에 뇌가 들어 있습니다. 뇌 근처에는 감각기관도 모여 있습니다. 몸 움직임이 뇌로 조절되기에 먹잇감을 발견했을 때 재빠르게 움직여서 잡을 수 있습니다. 뼈에는 발달된 근육이 붙어 있어서 활발하게 운동할 수 있습니다. 척추동물은 주로 다음 그룹으로 나눌 수 있습니다.

포유류 / 조류 / 파충류 / 양서류 / 어류

◎ 무척추동물

등골뼈가 없는 동물을 무척추동물이라고 하고 다음과 같은 그룹으로 나눌 수 있습니다.

절지동물(나비, 잠자리, 장수풍뎅이, 거미, 게, 지네 등)
연체동물(대합, 물맴이, 문어 등)
환형동물(지렁이, 거머리, 갯지렁이 등)
기타(성게, 멍게, 해면동물, 촌충, 플라나리아 등)

그 중에서 절지동물은 몸의 표면이 외골격인 단단한 껍데기로 싸여 있습니다.

제4장
‘시냇가, 강, 바다’에 넘쳐나는 생물

46

소금쟁이

물에 세제를 넣으면 소금쟁이가 가라앉는다고?

소금쟁이에게 보리 싹으로 만든 식혜 특유의 냄새가 납니다. 냄새를 풍기는 대표적인 곤충으로 노린재가 있습니다.
소금쟁이도 노린재목으로 분류되는 친구 사이입니다. 소금쟁이는 냄새를 풍길 뿐 아니라 날카로운 주둥이를 갖고 있다는 점도 같습니다.
뒷날개가 몸 전체가 아니라 반만 덮는 매미목이라는 친구로 분류됩니다. 소금쟁이가 성큼성큼 물 위를 달려가는 비밀은 '표면 장력'에 있습니다.

사나운 육식 동물

가느다란 다리와 몸이 특징인 소금쟁이는 태어나서 바로 물 위를 돌아다닙니다. 먹이는 물 위로 떨어지는 다른 곤충입니다.

곤충이 물 위에 떨어져서 생긴 물결을 감지하고 접근해서 날카로운 입을 쑤욱 내밀고 곤충의 체액을 빨아들이는 사나운 면이 있는 육식 동물입니다.

태어나서 계속 물 위에서만 생활하는 것은 아닙니다. 가느다란 몸에 날개가 접혀있어서 날아다닐 수도 있습니다.

뜨는 것은 표면장력 때문

소금쟁이가 물에 뜰 수 있는 것은 가벼운 몸무게 외에 물의 표면장력이 영향을 주고 있습니다. 다리 맨 끝에 가느다란 털이 있어서 표면의 물을 튕겨내는 것입니다. 그런데 소금쟁이를 물 위에 떠 있지 못하도록 할 수도 있습니다.

물 위의 표면장력을 줄이기 위해 세제나 비눗물 등 계면활성제를 물에 떨어뜨려보세요. 그렇게 하면 소금쟁이가 아무리 몸무게가 가벼워도 몸을 지탱할 수 없게 되어 물속으로 가라앉습니다.

47

개구리

위를 토해내서 스스로 닦는다는 것은 진짜일까?

예전에는 어디든 다 있던 개구리도 지금은 시골에 가지 않으면 그 합창소리를 들을 수 없게 되었습니다. 개구리는 전 세계 다양한 지역에서 모두 멸종 위기종이 되었습니다.

올챙이는 개구리의 새끼

개구리의 어린 시절은 다들 알고 있듯 올챙이입니다. 하지만 개구리뿐만 아니라 양서류의 어린 시절은 모두 음표 같은 올챙이 모양을 하고 있습니다. 개구리는 양서류 중에서도 꼬리가 없는 무미류라고 불립니다. 어린 시절에 있는 긴 꼬리가 점점 사라져가는 신비한 성장을 합니다.

최근 연구에서 성장에 따라 올챙이의 꼬리가 사라져가는 원리가 밝혀졌습니다. 자신의 꼬리가 성장 과정에서 이물질이라고 인식되어 면역 반응에 따라 사라져가는 것입니다. 이것을 아포토시스, 즉 세포 예정사라고 합니다. 하지만 개구리의 골격 표본에는 꼬리표가 남아 있습니다. 원래 자신의 몸을 지키기 위해 갖춘 면역기능이 이렇게 작용한다는 점이 놀랍습니다.

아가미 호흡에서 폐호흡과 피부 호흡으로

올챙이는 어류와 마찬가지로 아가미 호흡을 하고 꼬리를 이용해서 헤엄칩니다. 하지만 성체인 개구리가 되면 이번에는 폐호흡을 하게 됩니다. 이렇게 개구리는 땅에서도 생활할 수 있게 됩니다. 아가미는 개구리가 성장하면서 자연스럽게 사라집니다.

그렇지만 개구리는 호흡의 30~50퍼센트 정도를 피부 호흡에 의

존합니다. 개구리 피부는 점막으로 뒤덮여 있고 건조에 약하며 정기적으로 탈피를 하는 것이 특징입니다.

개구리의 탈피는 파충류와 마찬가지로 성장보다는 피부 관리라는 의미가 있습니다. 그런데 개구리의 입은 굉장히 커서 때로는 이물질 등도 먹어버립니다. 그때 개구리는 스스로 위를 통째로 뱉어내서 손으로 비벼서 이물질을 털어냅니다. 그러고 나서 다시 위를 삼켜서 원래대로 되돌려 놓는 작업을 굉장히 요령 있게 합니다.

개구리 수가 전 세계적으로 줄어들고 있다

현재 전 세계 4,700종 정도의 개구리가 있다고 알려져 있습니다. 남극 대륙 말고는 모든 대륙에 존재하고 있고 물이 있는 곳에는 개구리가 산다고 생각해도 좋을 정도입니다.

그런데 1970년 이후에 전 세계 200종 이상의 개구리가 멸종되었다고 추정합니다. 다른 동물의 멸종과 마찬가지로 서식 지역의 감소가 주요 이유입니다.

몸의 표면이 점막으로 뒤덮여 있는 개구리에게 수질 악화도 생존에 커다란 문제입니다.[1)]

더욱 심각한 문제는 개구리를 포함해서 양서류에 감염되는 '개구리 항아리 곰팡이'[2]라는 질병입니다. 이것은 진균의 일종으로 개구리 항아리 곰팡이가 몸 표면에 기생해서 번식하기 때문에 개구리 항아리 곰팡이에 감염된 개구리는 피부 호흡을 할 수 없게 되어 죽는다고 합니다.

---

1) 곤충 등을 먹는 육식 동물인 개구리가 줄어들면 물이 괴어 있는 논 등에 곤충이 늘어나거나 개구리를 먹이로 삼는 육식 동물에도 영향을 줍니다.

2) 물을 통해 다른 양서류에도 감염됩니다. 사람에게는 옮기지 않습니다.

48

잉어

비단 잉어는 무지하게 비싼 '헤엄치는 보석'일까?

잉어는 공원 연못이나 수로, 강이나 호수 등 다양한 곳에서 볼 수 있습니다. 그 중에서도 관상용으로 개량한 비단 잉어는 아주 비쌉니다.

소리에 민감

잉어는 소리에 굉장히 민감한 물고기입니다. 예를 들어 공원에서 사람 발소리를 듣기만 해도 먹이를 준다고 여겨 커다란 입을 벌리고 우르르 다가옵니다.

소리를 느끼는 기관은 베버기관이라고 부르고 부력을 조정하는 부레 주변에 발달되어 있습니다. 뻐끔뻐끔 하는 잉어의 주둥이에는 두 쌍의 수염이 있습니다. 잉어와 비슷하게 생긴 붕어에는 수염이 없습니다.

뭐든지 먹을 수 있다

잉어는 잡식성으로 작은 동물에서 물풀까지 뭐든지 다 먹습니다. 몸도 커지면 1미터 가까이 자라는 잉어도 있습니다. 더구나 수명도 길어서 평균 20년 살고 그 중에는 70년이나 사는 잉어가 있다는 기록도 있을 정도입니다.

잉어는 원래 더러운 물속에서 아무렇지도 않게 생활할 수 있고 오히려 깨끗한 물속에서 살아가는 경우가 드물 정도입니다.

말하자면 어떤 환경에서든 살 수 있어서 잉어를 풀어놓은 장소는 다른 생물에게 위협이 된다는 것입니다.

비단 잉어는 '헤엄치는 보석'

같은 잉어라도 흰색이나 빨간색 잉어는 관상용으로 길러집니다. 까맣지 않은 잉어를 색깔 잉어라고 하고 아름다운 색깔을 지닌 잉어를 비단 잉어라고 부르며 번식하고 있습니다.

비단 잉어는 '헤엄치는 보석'이라고 불립니다. 다른 섬세한 반려동물과 달리 비단 잉어는 원래 씩씩해서 아주 인기가 좋습니다.

식용으로도 쓰입니다. 하지만 처리를 확실히 하지 않으면 비린내가 나거나 기생충에 감염될 가능성이 있다는 것도 생각해야 합니다. 그리고 잉어의 커다란 담낭에는 독이 포함되어 있습니다.

49

쌍패류

열리지 않는 조개는 먹으면 안 된다고?

해마다 조개잡이 시기가 되면 많은 사람들이 모래밭으로 조개를 주우러 갑니다. 모래를 내뱉을 때의 모습을 보면 그 움직임이 굉장히 신기합니다. 조개 몸은 어떻게 성장하는 걸까요?

쌍패류 무리의 공통점

쌍패류를 조리하면 타탁, 하고 조개껍데기가 열립니다. 다 가열되었다는 증거입니다.

쌍패류에는 뚜껑을 열고 닫는 근육이 있습니다. 이것을 폐각근이라고 합니다. 보통 폐각근은 패주, 조개관자라고 부르는데 근육입니다.

이 폐각근은 다른 근육과 마찬가지로 '수축'은 가능하지만 늘리지는 못합니다.

잘 관찰해보면 조개껍데기를 딱 달라붙게 하는 새까만 부분이 있다는 걸 눈치 채게 될 것입니다. 그 부분은 인대입니다. 인대는 껍데기를 여는 역할을 하고 폐각근을 닫는 역할을 합니다.

모래 배출을 관찰해보자

모든 조개는 먹기 전에 해감을 합니다. 그때 잘 관찰해보세요. 두 개의 관 모양이 나옵니다. 입수관과 출수관이라고 합니다. 물을 빨아들이고 내뱉음으로써 물속 플랑크톤 등을 먹고 영양분으로 활용하는 것입니다.

입수관과 출수관의 반대쪽에서는 혀 같은 것이 나옵니다. 이것은 다리입니다. 하지만 다리라고 해도 활발하게 움직이는 것이 아니고 모래 등에 집어넣고 가장 끝 부분을 팽창시켰다가 수축시켜 모래에 숨는 듯한 움직임을 하는 것입니다.

조개껍데기를 열면 바깥쪽에 외투막이라고 불리는 주름 모양의 막이 있습니다. 외투막에서 조개껍데기의 성분을 내보내서 점차 자라게 되는 것입니다.

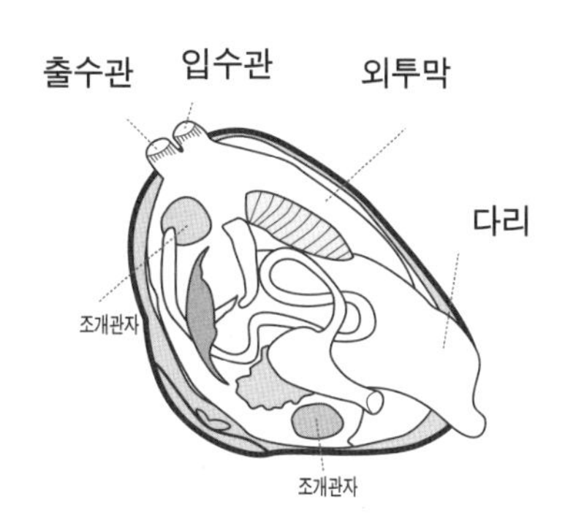

죽은 조개는 먹을 수 없다

바지락 등을 해감할 때 핵심은 먼저 바닷물과 비슷한 농도의 소금물을 준비하는 것입니다. 기준은 3퍼센트 정도의 농도(물 100밀리리터에 소금 약 3그램)입니다. 바지락은 야행성이기 때문에 천 등을 위에 덮어서 빛을 차단하면 좋습니다. 3~6 시간 정도 뒤에 모래를 뱉어냅니다.

해감과 열처리를 해도 조개껍데기가 열리지 않거나 처음부터 입을 꽉 다물고 있는 경우도 있습니다. 이런 경우에는 이미 죽어있으므로 먹지 않도록 합니다.

특히 죽어서 부패하기 시작한 조개는 지독한 냄새를 풍깁니다. 독이 있을 가능성이 있어서 주의해야 합니다. 조개 독은 열에 강해서 가열 조리를 해도 사라지지 않습니다.

50

해파리

왜 8월 15일 무렵에 해파리가 대량 발생할까?

환상적인 모습을 하고 둥실둥실 떠다니는 모습을 보며 위로를 얻는 수족관의 인기 동물 해파리. 하지만 바다에서 수영을 하다가 해파리에 쏘일 때도 있습니다.

플랑크톤의 친구

플랑크톤은 수중생물 중에 스스로 운동능력이 없어서 물속이나 수면에 떠서 생활하는 생물의 총칭입니다. 해파리는 플랑크톤의 한 종류입니다.

플랑크톤은 크기로 구분하는 것이 아니라 어떤 생활을 하느냐로 나누기에 다양한 크기의 플랑크톤이 존재합니다. 대부분의 플랑크톤 크기는 몇 미크론에서 몇 밀리미터이지만 그 중에는 해파리 무리처럼 1미터를 넘는 것도 있습니다.

해파리는 크기가 다양해서 세계에서 가장 작은 것은 작은 보호탑 해파리로 5밀리미터이고, 세계에서 가장 큰 것은 유령 해파리로 2.5미터나 되는 것까지 있습니다.

해파리 몸은 95퍼센트가 수분

해파리 몸은 사람과 상당히 다릅니다. 사람 몸은 60퍼센트가 수분으로 이루어져 있지만 해파리는 95퍼센트가 수분입니다.

해파리에는 뇌와 심장, 혈관, 혈액이 없습니다.[1] 해파리에도 사람

---

1) 플라나리아, 불가사리, 성게도 뇌, 심장, 혈관, 혈액이 없기 때문에 그것이 해파리만의 특징은 아닙니다.

몸에도 있는 것은 입과 위입니다. 해파리 입은 항문으로도 함께 이용됩니다. 해파리의 입으로 들어온 먹이는 위에서 소화됩니다.

무렵 해파리의 우산에는 귀엽고 둥근 네 개의 이파리 모양이 있지만 그것은 생식선으로 그 안쪽에는 위가 있습니다. 영양분은 해파리의 방사관과 환상관을 통해 몸의 각 곳으로 운반됩니다.

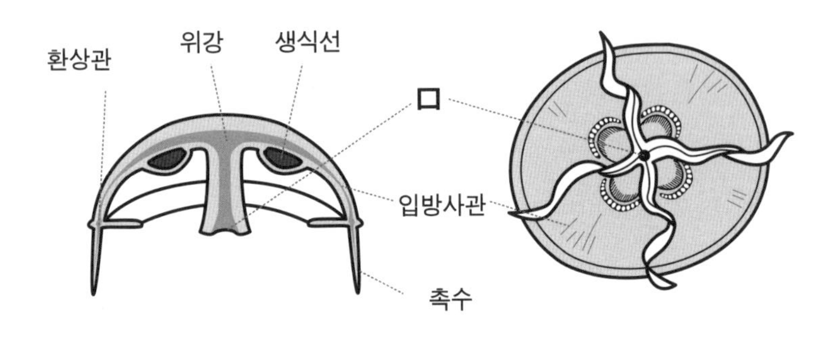

8월은 암컷과 수컷이 만나는 계절

해파리의 주요 먹이는 플랑크톤이나 작은 물고기입니다. 플랑크톤은 바닷물이 따뜻해지면 늘어나고 해파리도 먹이가 풍부해져서 커집니다. 8월 무렵 미지근해진 바닷물에서는 커다랗게 자란 해파리가 눈에 띕니다.

그리고 이 시기에 암컷과 수컷이 만나 유성생식을 하고 암컷은 알을 퍼뜨립니다. 가을이 되어 알에서 깨어나 유생이 되고 더욱 바다 밑으로 이동해서 바위 등에 붙어서 폴리나가 되고 무성생식으로 늘어나게 됩니다.

이른 봄에 물 위에 떠돌아다니는 생활로 돌아갑니다. 그래서 8월 무렵에 무럼 해파리 등 해파리가 눈에 띄게 됩니다.

등 해파리, 작은 부레관 해파리, 커튼 원양 해파리, 상자 해파리는 독성이 강하고 전기가 통하는 듯한 날카롭고 격렬한 통증과 더불어 물린 곳이 부풀어 오르고 때로는 죽음에 이르기도 합니다.

해파리의 우산 부분의 안쪽과 촉수 표면에는 자포(刺胞)라는 세포가 있고 이 안에 자사(刺絲)가 있습니다. 이 자포가 자극을 받으면 안에서 독이 포함된 자사가 튀어나와 찌르는 것입니다.

독성이 해파리 중에서 중간 정도인 무럼 해파리의 경우 쏘이면 울퉁불퉁 물집이나 빨간 점이 생기거나 가려움증, 찌릿찌릿, 욱신욱신한 아픔이 느껴집니다.

해파리에게 쏘였다는 걸 깨달았을 때는 이미 주위에 해파리가 모여 있다는 것이기에 그 자리를 서둘러 떠나야 합니다.

해파리에 쏘인 부위는 먼저 바닷물로 잘 씻어내야 합니다. 증상이 심각한 경우에는 반드시 피부과에 가서 해파리에 쏘인 것을 알리고 치료를 받아야 합니다.

진미로 맛보는 해파리 요리

해파리의 몸은 95퍼센트 이상이 수분이고 나머지는 양질의 단백질입니다. 해파리 중에 식용으로 가능한 것은 숲뿌리해파리가 대표적입니다.

숲뿌리해파리를 말리거나 소금에 절여서 요리에 이용합니다. 말린 해파리는 물에 불리고 염장 해파리는 소금기를 잘 빼줍니다. 꼬들꼬들한 식감을 즐길 수 있습니다.

51

정어리

정어리는 정어리, 멸치, 눈퉁멸의 총칭

어획량의 변동이 심해서 '대중적인 생선'일 때도 있지만 '고급 생선'이 될 때도 있습니다.

단백질이 풍부하다.

정어리는 정어리, 멸치, 눈퉁멸, 세 종류의 총칭입니다. 대표적인 것은 정어리로 소금구이, 찜, 말린 정어리에서 가공 식품까지 폭 넓게 이용합니다.

멸치는 아래턱이 짧고 위턱이 튀어나와서 입 모양이 균형을 잃은 것처럼 보이는 것, 눈퉁멸은 눈이 지방막으로 둘러싸여 있어서 물기가 촉촉하게 보입니다. 정어리는 알을 낳고 나서 사흘 뒤 알에서 나와 치어가 됩니다.

처음에는 난황을 달고 나온 상태로 헤엄치는데 난황이 사라지면 먹이를 먹고 무리를 지어 헤엄칩니다.

확실히 정어리는 '약한' 물고기로 땅으로 건져 올리면 바로 죽어 버리고 금세 부패해서 육식을 하는 물고기한테 많이 잡아먹히는 물고기라는 것도 이름의 유래라고 합니다.

몸을 지키기 위해 밤낮을 가리지 않고 무리 지어 헤엄치고 몇천에서 몇만 마리가 행동을 함께합니다. 정어리의 먹이는 바닷물 속의 플랑크톤입니다.

52

꽁치

꽁치를 먹으면 정말로 머리가 좋아질까?

가을이 제철인 꽁치는 기름이 오를 때 소금에 구워서 먹으면 맛있습니다. 그런데 꽁치의 어획량이 최근에 계속 줄어들어서 가격이 해마다 올라가서 '고급 물고기'가 되어가고 있습니다.

몸의 특징과 생태

꽁치의 몸은 길고 가늘며 위턱과 아래턱이 부리 모양으로 돌출되었습니다. 등지느러미와 꼬리지느러미 뒤쪽에 몇 개의 작은 지느러미가 있습니다. 몸길이는 40센티미터 가까이 됩니다.

가게에 진열되어 있는 꽁치에는 비늘이 거의 안 보이고 매끈한 상태지만 살아서 헤엄칠 때는 작고 예쁜 비늘에 뒤덮여 있습니다.

꽁치 비늘은 얇고 아주 벗겨지기 쉽기 때문에 잡혔을 때 그물 안에서 많은 꽁치끼리 서로 부딪혀서 비늘이 거의 다 벗겨져서 떨어집니다.

꽁치는 오호츠크해에서 북태평양, 동해, 중국해에 이르는 드넓은 지역을 회유하는 물고기입니다. 태평양 연안, 동해 연안 둘 다 남쪽의 따뜻한 바다에서 치어가 알에서 깨어나 성장하면서 북상하고 가을에는 산란하려고 남쪽으로 내려갑니다.

여름 꽁치는 기름이 덜 올라서 8월 무렵 꽁치의 지방은 약 10퍼센트이지만 10~11월이 되면 20퍼센트 정도가 되고 산란 후에는 5퍼센트로 크게 줄어듭니다. 꽁치의 수명은 2년 정도입니다.

풍부하게 포함된 DHA

꽁치는 단백질과 지방이 풍부하고 지방에는 건강에 좋은 데히드

로아세트산(DHA)이 포함되어 있습니다. 거무스름한 살 부분에는 비타민 B2, D도 풍부합니다.

DHA는 불포화지방산 중에 하나입니다. 다랑어, 정어리, 고등어, 꽁치처럼 등 푸른 생선에 포함되어 학습 능력을 향상시키는 효과가 있다고 알려져 유행했습니다. 하지만 명확한 근거는 없습니다.

하루에 1~1.7그램이 추천량이지만 방어 반토막에 1.7그램을 섭취할 수 있어서 등 푸른 생선을 먹으면 충분해서 건강 보조 식품을 따로 먹을 필요는 없습니다. 그리고 혈액 속의 중성지방 수치를 낮추는 효과가 있어서 특정 보건용 식품에도 이용됩니다.

꽁치 어획량이 늘어나지 않는 이유

다음은 한중일 대만의 꽁치 어획량 그래프입니다. 최근에는 꽁치 어획량이 계속 격감합니다.

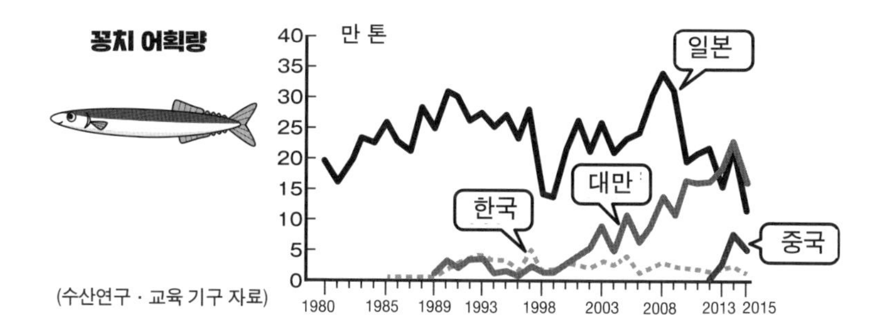

최근에 중국이나 대만이 아무 나라에도 규제가 미치지 않는 공해에 적극적으로 진출해서 꽁치를 어획하고 있습니다. 이미 대만은 세계에서 가장 꽁치를 많이 잡는 나라가 되었습니다. 중국도 급속도로 꽁치 어획량이 늘어나고 있습니다.

53

뱀장어

뱀장어의 생태는 온통 수수께끼

뱀장어는 보통 40~50센티미터이고 드물게는 1미터를 넘는 것도 있습니다. 몸은 원통형으로 길고 가늘며 배지느러미가 없는 것이 특징입니다. 등지느러미, 꼬리지느러미, 뒷지느러미가 연결되어 있고 비늘은 긴 타원형으로 조그맣고 피부 밑에 묻혀 있습니다. 무태장어는 몸길이가 2미터나 됩니다.

뱀장어의 생태는 수수께끼투성이

뱀장어는 바다에서 태어나 강으로 와서 호수에 살거나 한 뒤 바다로 다시 돌아가서 알을 깝니다. 뱀장어의 산란 장소는 오랫동안 알려지지 않았지만 21세기가 되고 나서 밝혀졌습니다. 그곳은 태평양 마리아나 해역 근처입니다.

굉장히 좁은 해역으로 이듬해 봄에서 여름의 초승달이 뜨는 밤에만 산란을 합니다. 여기서 알이 부화되고 투명한 새끼 뱀장어가 됩니다. 새끼 뱀장어는 태평양을 회유하여 치어로 변화해서 동아시아 근처 바다로 향합니다.

치어는 투명하고 강을 거꾸로 올라갑니다. 강이나 호수에서 5~10년 성장하면 우리가 먹을 수 있는 크기의 뱀장어가 됩니다.

성장한 뱀장어는 강을 내려와서 태평양을 회유하고 다시 마리아나 해역의 산란 장소로 향한다고 추정합니다. 하지만 그 부분은 잘 알려지지 않았습니다.

멸종 위기 종이 되다

양식 뱀장어는 채집된 치어를 키워서 다 자란 뱀장어가 됩니다. 하지만 지금은 양식에 이용되는 치어가 잡히는 양이 크게 줄어들고 있습니다. 이것은 뱀장어를 가장 많이 먹는 일본인이 뱀장어를 모조리 먹어치우기 때문입니다. 이대로 가다가는 뱀장어 꼬치구이는 미래에 먹을 수 없게 될지도 모를 지경에 이르렀습니다.

치어가 잘 잡히지 않는 원인은 치어를 마구 잡아들인 것과 부모 뱀장어가 키우는 강의 오염으로 추정됩니다. 바다 환경이 달라져서 산란 장소와 치어가 회유하는 장소가 달라질 가능성도 있습니다.

54

게

'게장'은 뇌가 아니라 내장이라고?

'게장'인 중장선의 지방 양은 산란 전 시기에 최대가 됩니다. 게는 살의 양도 맛도 그때그때 달라집니다.

무당게의 다리 한 쌍은 몸 안에 있다

털게와 대게는 십각목 · 게하목으로 불리고 집게를 포함하면 다리가 10개가 있습니다. 한편 무당게는 십각목 · 소라게목으로 불리고 다리는 집게를 포함해서 다리가 8개밖에 안 보입니다. 한 쌍의 다리는 등딱지 안에 들어 있습니다. 이 점은 소라게와 같습니다. 접혀 있는 모습을 나중에 무당게를 먹을 때 잘 관찰해보세요.

찌면 빨갛게 되는 색소

게의 등딱지에는 단백질과 결합한 상태인 아스타크산틴 색소가 포함되어 있습니다. 이 색소는 가열하면 단백질이 파괴되어 원래의 빨간 색깔이 또렷해집니다. 이것은 새우도 마찬가지입니다.

연어 부분에서 설명했듯이 예쁜 새먼핑크도 이 아스타크산틴의 색깔입니다. 연어의 먹이에 포함되어 있던 색소가 드러난 것입니다.

산소가 부족하면 거품을 내뿜는다

게는 입에서 거품을 내뿜을 때가 있습니다. 원래 게는 아가미로 호흡합니다. 그런데 왜 입에서 거품을 내뿜을까요.

사실 게는 위기 상황일 때 거품을 내뿜습니다.

게의 아가미는 물에 포함된 산소를 흡수하기 위해 스펀지처럼 되어 있습니다. 아가미가 건조해지면 게는 입에서 물을 내뿜고 그곳에 산소를 녹여서 아가미로 산소 흡수를 되풀이합니다. 시간이 흐를수록 수분의 점도가 늘어나서 거품을 내뿜게 되는 것입니다.

'게장'은 뇌가 아니다

'게장'의 정체는 뇌가 아니라 중장선이라고 불리는 사람으로 말하면 간장과 비장이 합쳐진 듯한 기관입니다. 소화 효소를 분비하거나 영양분을 축적하는 곳입니다.

'게장'인 중장선의 지방 양은 산란 전 시기에 최대가 됩니다. 게는 살의 양도 맛도 그때그때 달라집니다.

55

복어

복어 독은 청산가리의 1000배 이상인가?

복어회와 복탕은 고급 요리입니다. 복어 간과 난소에는 강한 독이 들어 있어서 조리를 하려면 자격증이 필요합니다.

작은 입에 빵빵하게 부풀어 오른 복어 배

복어 입은 작고 튀어 나왔으며 강한 이빨이 있습니다. 외부의 적에 공격을 당하거나 낚싯바늘에 걸려 잡아 올라오면 식도 일부에 있는 주머니에 물이나 공기를 넣어 복어 배가 빵빵하게 부풀어 오르게 됩니다. 복어의 특징적인 모습입니다.

복어 독의 확실한 해독 방법은 없다

복요리에 사용하는 복어에는 자주복, 졸복, 검복, 밀복 등의 종류가 있는데 자주복이 가장 맛있습니다. 이런 복어들은 독이 없는 밀복을 제외하고 주로 간과 난소에 테트로도톡신이라는 독이 있습니다.

테트로도톡신은 복어 간과 난소 등의 내장, 복어 종류에 따라서는 껍질과 근육에도 포함되어 있고 일반적인 가열로는 독이 사라지지 않습니다. 강하기는 청산가리의 1000배 이상이나 되는 맹독[1)]입니다.

이 독은 테트로도톡신을 만드는 해양 세균을 먹이로 먹고 있는 어패류, 불가사리류를 먹음으로써 체내에 축적됩니다. 복어는 테트

---

1) 종류에 따라서 시기에 따라서 독의 양이 달라집니다.

로도톡신이 있어서 외부의 적으로부터 몸을 지키는 효과와 수컷을 유혹하는 페로몬 효과를 갖고 있다는 설이 있습니다.

양식 복어도 테트로도톡신을 섞은 먹이로 키운 쪽이 생존율이 높아집니다. 요컨대 테트로도톡신은 복어에게 필요한 물질입니다.

복어 중독 진행은 굉장히 빨라서 복어 독을 먹고 나서 사망까지 걸리는 시간은 4~6시간 정도입니다. 확실한 해독 방법은 없고 증상이 발생하면 사망률이 높다는 것도 특징입니다.

【중독 증상과 경과】

❶ 식후 20분부터 3시간까지는 입술, 혀끝, 손끝이 저리기 시작합니다. 두통과 복통 등을 동반하고 극심한 구토가 계속될 때도 있습니다. 걸음걸이는 비틀비틀 하게 됩니다.

❷ 즉시 지각 마비, 언어 장해, 호흡 곤란이 오고 혈압이 떨어지게 됩니다.

❸ 그 후 온몸이 완전한 운동 마비가 되고 손가락조차 움직일 수 없게 됩니다.

❹ 의식은 죽기 직전까지 또렷합니다. 의식 불명 후 바로 호흡과 심장이 정지되고 사망에 이르게 됩니다.

복어회는 왜 얇을까?

복어를 먹을 때에는 '복어 조리사' 등 자격증이 있는 사람 손으로 조리된 것을 먹도록 합시다. 그런데 복어 요리라고 하면 복어회를 얇게 저며서 커다란 접시에 늘어놓은 모습을 떠올리는 사람도 많을 것입니다. 왜 이렇게 복어회를 얇게 저미는가 하면 살아 있는 복어의 몸은 탄력이 있기 때문에 두껍게 저미기가 어렵습니다.

56

오징어, 문어

문어 먹물은 왜 요리에 안 쓸까?

문어는 다리가 8개, 오징어는 다리가 10개, 다양한 요리에 사용하는 대표적인 해산물입니다. 먹물을 토해내거나 몸 색깔이 달라지는 등 비슷한 부분이 많습니다.

모양은 달라도 커다란 분류로는 거의 같다

오징어와 문어는 부드러운 몸이 특징으로 뼈가 없습니다. 이런 동물을 연체동물이라고 부릅니다. 갑오징어 무리는 커다랗고 단단한 뼈 같은 것도 있고 그것은 '갑'이라고 불리는데 뼈는 아닙니다. 갑은 조개껍데기와 가까운 것입니다.[1)]

두족류라고 불리는 오징어와 문어

연체동물 중 오징어와 문어 무리를 두족류라고 부릅니다. 머리부터 다리까지 쭉 이어져 있는 생물로 머리에 뇌와 눈이 있고 다리 시작 부분에 입이 있습니다.

입에는 커다란 한 쌍의 이빨이 있고 빨판이 붙어 있는 다리를 뻗어서 먹잇감을 잡아서 입으로 옮겨갑니다.

오징어와 문어 다리는 상당히 다릅니다. 문어의 빨판은 모두 근육입니다. 그런데 오징어 다리에는 키틴질의 이빨이 붙어 있습니다. 특히 두 개의 다리는 굉장히 길어서 먹잇감을 잡도록 되어 있습니다.

---

1) 바지락 등 이매패강도 연체동물입니다.

색깔을 바꾸는 것이 특기

두족류의 피부에는 색소포, 홍색소포, 백색소포, 3층 구조가 보입니다. 오징어는 '홍색소포'로 빛을 반사시켜서 순간적으로 색깔을 바꿉니다.

한편 문어는 작은 주머니 모양의 '색소포'를 근육으로 팽창시켜 면적을 크게 해서 빨갛게 변하게 하거나 반대로 수축시켜서 작게 해서 빨간색 면적을 작게 하여 변색을 합니다.

오징어 먹물은 있는데 문어 먹물은?

오징어 먹물은 요리에 사용하지만 문어 먹물은 사용하지 않습니다. 하지만 문어도 먹물을 내뿜는 이미지가 있습니다. 오징어 먹물과 문어 먹물은 어떤 차이가 있을까요? 오징어도 문어도 적에게 공격을 당하면 먹물을 내뿜습니다.

문어 먹물은 마치 연막처럼 물속을 떠다니며 시야를 방해합니다. 한편 오징어 먹물은 점도가 높아서 뿜어져 나오면 덩어리처럼 됩니다.

적은 그 먹물을 오징어라고 착각하고 공격합니다. 그틈을 이용해 오징어는 도망칩니다. '문어 먹물은 묽고 맛없다'라는 말이 있지만 그렇지는 않은 듯합니다. 문어 먹물이 요리에 사용되지 않는 이유는 '구하기 어렵다'는 점에 있습니다.

오징어 먹물은 간에 밀착되어서 떼어 내기 쉽습니다. 하지만 문어 먹물은 내장에 파묻혀 있어서 양도 적고 떼어내기도 어렵습니다.

57

방어

방어가 살이 맛있는 이유

방어 무조림, 방어회 등 기본적인 요리에 빠지지 않는 생선입니다.

방어가 맛있는 이유

방어 살이 맛있는 이유는 아미노산 일종인 히스티딘이 다른 생선보다 많이 포함되었기 때문입니다. 이 히스티딘은 방어를 바로 잡았을 때보다 어느 정도 시간이 흐르고 나서 더 많아집니다.

방어 살에는 단백질, 지방, 비타민 B1, 비타민 B2가 많이 있습니다. 방어는 온대성 회유어로 봄이나 여름에는 정어리를 따라 북상하고 겨울이 되면 남하하는 물고기입니다. 방어는 가장 커다란 생선으로 몸길이가 무려 1.5미터에 달합니다.

방어의 양식법이 개선되어 품질이 향상됨

봄에 흘러 들어와서 수초에 달라붙은 치어를 포획해서 그것을 양식합니다. 방어가 살이 오르는 기간은 보통 2년 정도입니다.

예전에는 안쪽 바다에서 뗏목에 둘러싸인 장소에서 정어리 등의 작은 물고기를 방어에게 먹이로 주었습니다. 하지만 적조의 영향을 받거나 바다 밑바닥에 먹고 남은 찌꺼기가 개흙 상태로 축적되어 수질이 악화되고 있습니다.

현재는 장소를 바깥쪽 바다로 이동해서 먹이의 성분을 조정하는 쪽으로 개선해서 자연산 방어에 뒤지지 않는 품질의 방어를 키우게 되었습니다.

58

참치

자원 고갈로 미래에는 먹을 수 없게 될까?

참치 대표격은 참다랑어(이하 참치)로 대형이며 몸길이는 2미터에 달합니다

바다 안에서 먹이 연쇄 꼭대기에 있는 육식 물고기

참치는 전 세계 바다에서 볼 수 있는 물고기 중에서도 특히 대형 육식 물고기입니다. 종류에 따라서는 2~3미터에 달하는 참치도 있습니다. 대형 참치류에는 참다랑어, 남방참다랑어, 황다랑어, 눈다랑어, 날개다랑어 등이 있습니다.

참치 대표격은 참다랑어(이하 참치)로 대형이며 몸길이는 2미터에 달합니다. 참치의 왕이라고 불립니다. 참치의 산란 수를 정어리와 비교해 보겠습니다.

참치는 알을 백만~천만 개를 낳지만 참치에게 먹히는 쪽인 정어리는 알을 십만 개 정도밖에 낳지 않습니다. 정어리가 참치보다 알을 적게 낳아도 멸종하지 않는 이유는 무엇일까요?

참치는 열대와 아열대 바다에서 알을 낳고, 알은 푸카푸카 섬 바다 위에 떠다니고 있습니다. 해류에 따라 수온이나 염분의 농도가 맞지 않아서 죽는 경우도 있습니다.

먹이가 되는 플랑크톤이 적어서 굶어 죽는 경우도 있습니다. 그리고 서로 잡아먹거나 커다란 물고기 등에 잡아먹히거나 합니다. 참치 같이 강한 물고기라도 대부분 어린 시절에 죽어버리고 맙니다. 알이나 어린 시절은 참치도 정어리도 마찬가지로 약한 물고기입니다.

정어리는 빨리 부모 물고기로 성장해서 점차 무리를 늘리지만 참치는 부모 물고기가 될 때까지 시간이 많이 걸립니다.

정어리 같이 작은 물고기가 늘어나는 속도는 참치 같이 대형 육식어의 약 10배입니다. 그래서 잡아먹히는 정어리가 잡아먹는 참치보다 알을 적게 낳아도 멸종하지 않는 것입니다.

참치 살의 색조와 '바다의 닭고기'

참치는 품종에 따라 색조가 다릅니다. 참다랑어와 남방참다랑어의 살은 짙은 붉은 색입니다. 황다랑어의 살은 밝은 빨강이고, 날개다랑어의 경우 살이 흰색입니다.

날개다랑어는 살 색깔이 하얗고 부드러워서 회보다는 주로 통조림으로 가공합니다.

<생물교양 4>

식물 연쇄와 생물 끼리의 관계

우리는 다른 생물을 먹고 살아갑니다. 물론 다른 동물들도 마찬가지로 생물 사이에는 '먹는다 · 먹힌다'라는 떼려야 뗄 수 없는 관계가 있습니다. 이 관계를 식물 연쇄, 식물강이라고 합니다.
이런 관계는 단순히 '먹는다 · 먹힌다'로 끝나는 것이 아니라 이것으로 다양한 문제가 발생할 가능성이 있습니다. 실제로 커다란 문제가 발생한 적도 있습니다.

식물 연쇄의 시작은 식물입니다. 이것은 육상에서도 물속에서도 마찬가지입니다. 식물은 초식 동물에게 먹히고 초식 동물은 육식 동물에게 먹힙니다.
예를 들어 참치를 생각해봅시다. 참치는 고등어 등 중형 육식어류를 먹습니다. 고등어는 좀 더 작은 정어리 등을 먹고 정어리는 동물성 플랑크톤 등을 먹습니다. 그 동물성 플랑크톤은 식물성 플랑크톤을 먹습니다.

이때 식물성 플랑크톤이 독성이 있는 것을 포함한다고 합시다. 그 물질의 영향은 먹이로 먹는 동물에 전달됩니다. 여기서 문제인 것은 그저 그 물질이 전달되는 것만이 아니라는 것입니다. 독성의 농도가 점점 높아집니다. 이것을 생물농축이라고 합니다.
이렇게 생물 연쇄로 농도가 높아진 유독한 물질로 일어나는 대표적인 질병이 미나마타병입니다. 금속 수은이라는 물질이 농축된 물고기를 먹은 사람들에게 미나마타병이 발생합니다.

제5장
우리는
'호모 사피엔스'

59

점점 늘어나는 호모 사피엔스

늘어나는 세계 인구

인류는 지구상 다른 동물과 달리 현재는 '호모 사피엔스'라는 단 하나의 종만 존재합니다. 분류학적으로는 영장목 사람상과(유인류) 사람과에 속하는 동물입니다. 사람은 현재 지구상에 어느 정도 있을까요? 그리고 앞으로 세계 인구는 어떻게 될까요?

유엔 경제사회국(DESA)이 2017년 6월에 발표한 세계 인구 추산에 따르면 현재 세계 인구는 약 76억 명(2017년 중반)이 되었습니다. 해마다 약 8300만 명이 늘어나고 있습니다.

2030년까지 80억 명을 넘고 2050년에는 98억 명에 도달할 전망입니다. 2024년 무렵까지 인도가 중국을 제치고 국가별 1위가 될 예정입니다.

예전에는 몇 종류의 인류가 있었다

사람은 약 700만 년 전에 침팬지라는 공통 조상에서 갈라져 나와 초기 원인(猿人)이 등장하고 나서 원인(猿人), 원인(原人), 구인, 신인이라는 단계를 거치면서 진화해왔다고 추정합니다.

신인인 호모 사피엔스는 약 20만년 전에 아프리카에서 탄생해서 약 6만년 전부터 전 세계로 퍼져갔습니다.

구인에는 네안데르탈인이 있습니다. 네안데르탈인도 호모 사피엔스도 원인(原人)에서 각각 진화해왔다고 추정합니다.

네안데르탈인은 몇 10만년 전에 출현해서 약 3만년 전까지 서아시아와 유럽에서 살아가고 있었습니다. 호모 사피엔스가 유럽으로 옮겨가서 살게 된 것은 약 4만년 전이라 약 1만년 동안은 두 종류 인류가 같은 지역에서 살았습니다. DNA를 조사하면 네안데르탈인과 호모 사피엔스는 일부 혼혈이 되었던 것 같습니다. 그러니까 서로 자손이 생겼던 것 같습니다.

호모 사피엔스와 혼혈이 있었던 구인류는 네안데르탈인뿐만이 아닙니다.

2008년에 러시아의 서시베리아에 있는 '데니소바 동굴'에서 작은 뼛조각이 발견되었습니다. 방사성 탄소 연대 측정으로 4만 1천년 전의 것이라고 추정되었습니다. 2010년에 작은 뼛조각 DNA를 조사했더니 네안데르탈인과도 호모 사피엔스와도 다르다는 사실이 밝혀져서 데니소바인이라는 이름을 붙였습니다.

네안데르탈인과 데니소바인은 호모 사피엔스와 공존했던 시기가 있었지만 이미 멸종되었고 인류는 호모 사피엔스라는 종만 남아 있습니다.

사람은 형질적으로 백색 인종 군, 황색 인종 군, 흑색 인종 군으로 크게 분류되지만 인종 간에 선천적, 유전적인 지능 차이가 존재하는 것을 보여주는 데이터는 없습니다.

60

사람의 진화와 직립 이족 보행

초기 원인부터 직립 이족 보행 개시

가장 오래된 인류는 아프리카 중앙부 차드에서 발견된 사헬란트로푸스라고 불리는 원인(猿人)입니다. 사헬란트로푸스는 약 700만 년 전에 출현했다고 추정합니다. 그 후 약 580~440만 년 전에 아르디피테쿠스 라미두스(라미두스 원인)가 나타났습니다. 이들은 이제까지 나타났던 원인과 상당히 다른 초기 원인(初期猿人)으로 생각됩니다.

아르디피테쿠스 라미두스는 몸집이 작은데 침팬지 암컷과 같은 비슷한 정도의 크기입니다. 뇌 용적도 침팬지와 마찬가지로 현대인의 4분의 1에서 3분의 1(300~350*ml*)입니다. 숲에 살고 주로 과일을 먹었습니다. 출토된 화석 주위에 함께 있었던 동물 화석으로 미루어 초원이 아니라 숲에 살고 있었다는 사실이 밝혀졌습니다.

초기 원인은 숲에서 초원으로 나와 네 다리로 지내던 자세에서 서서히 몸을 일으켜서 일어난 것이 아니라 숲에 살고 있었던 때부터 허리를 뻗어 세워서 직립 이족 보행을 했던 것 같습니다.

골반 아래쪽은 침팬지처럼 길고 그 점은 이족 보행에 적합하기보다는 나무를 기어 올라가기 적합하다고 할 수 있습니다. 숲에서 살아가고 나무에서 내려와서 다른 나무로 갈 때에는 이족 보행을 하는 것입니다.

약 400만 년 전부터 원인(猿人)인 오스트랄로피테쿠스의 시대가 되었습니다. 원인은 숲에서 초원으로 나오게 되고 안정된 직립 이족 보행이 가능해졌습니다.

발바닥 한가운데에는 땅에 닿지 않는 부분인 장심이 있었습니다. 장심은 원숭이의 무리나 초기 원인에게는 없었습니다. 장심의 아치 모양이 스프링 역할을 해서 보행을 빠르게 하고 긴 거리를 걸어도 피곤하지 않게 만듭니다.

직립 이족 보행에 맞는 몸

약 200만년 전에는 아프리카에서 원인(原人)인 북경 원인 등 호모 에렉투스가 탄생했습니다. 뇌가 확대되서 지능이 발달했습니다. 직립 이족 보행에 따라 손은 보행에서 해방되어 자유롭게 사용할 수 있고 손재주가 생기고 물건을 만들게 되었습니다. 손을 쓰면서 뇌가 발달되었습니다. 사람의 몸은 직립 이족 보행에 맞게 만들어져 갔습니다.

척추는 수직이 아니라 약간 S자 모양으로 구부러져 있습니다. 몸 앞쪽에는 갈비뼈로 보호되는 가슴이 있습니다. 그리고 그 밑에는 내장이 있고 이것이 무겁습니다. 그곳에서 가슴 쪽 척추는 뒤쪽으로 구부러지고 무게중심이 몸의 중심으로 오게 됩니다. 척추가 S자 형태로 구부러져 스프링 역할을 해서 걸을 때 뇌에 그다지 충격이 가지 않도록 합니다.

허리도 직립한 몸을 지탱하고 있습니다. 사람은 원숭이보다 훨씬 커다란 골반을 갖고 있습니다. 골반은 상반신의 내장 등을 지탱하는데 특히 여성은 태아를 직립 자세로 만들기 위해 지탱하게 합니다. 그래서 직립 이족 보행을 하는 사람은 덮밥과 같은 모양을 하고 있습니다. 그래서 사람은 커다란 엉덩이를 갖게 되었습니다.

걸을 때에는 한쪽 다리를 앞으로 내밀면 다른 한쪽 다리는 뒤쪽으로 차 냅니다. 직립하고 있으면 서 있기만 해도 이미 두 다리를 뒤쪽으로 차 내는 모습이 되어 있습니다. 그때 필요한 강한 힘은 엉덩이에 붙어 있는 훌륭한 근육에서 나옵니다.

하지만 사람이 직립 이족 보행을 하게 된 역사는 아직 짧고 완전히 직립 이족 보행을 위한 몸이 되었다고는 하기 어렵습니다.

예를 들어 위하수, 뇌빈혈, 요통 등은 직립 보행을 하는 사람이 앓는 특유의 질병입니다.

위하수란 위가 정상인 위치보다도 처져 있는 상태를 말합니다.

위의 위치는 원래 명치 주변에 있지만 위하수의 경우 배꼽이나 하복부 근처까지 처져 있습니다. 더부룩한 상태, 복부 팽창, 식욕 부진, 가슴 통증, 구역질 등의 증상을 보입니다. 음식물이 위에 오랜 시간 머물고 위산이 평소보다 많이 분비되어 위산 과다가 되어 위에 염증이나 궤양을 일으킬 위험성이 높아집니다.

네 다리를 지닌 동물은 수평인 척추에 내장이 매달려 있는 형태로 앞뒤로 늘어 서 있지만 직립하는 사람의 내장은 위아래로 축 늘어져서 위하수가 되기 쉽습니다.

사람은 직립 이족 보행으로 손재주가 생겨서 훌륭한 문화를 만들어 왔습니다. 하지만 한편으로 직립 이족 보행으로 인한 문제도 있습니다.

61

사람의 손과 거대화하는 뇌

지문은 무엇 때문에 있을까?

지문 모양은 사람에 따라 다르고 더구나 평생 변하지 않는다는 특징도 있습니다. 그래서 범죄 조사나 개인 인증으로 이용합니다. 지금은 버튼 위에 손가락을 대기만 하면 그 자리에서 잠금 장치가 해제되는 지문 인증 시스템이 많은 스마트폰에 탑재되었습니다.

지문은 피부의 표면을 불이나 약품으로 태우거나 피부를 벗기거나 해도 그 밑에 나타나는 볼록한 부분이 다시 원래대로 복구됩니다. 사람의 지문은 지우거나 바꾸는 것이 불가능합니다.

이 지문은 사실 원숭이나 고릴라 등의 손에도 있습니다. 지문은 나무 위에서 생활하면서 만들어진 것으로 이른바 '미끄럼 방지 장치'입니다. 사람의 조상이 나무 위에서 생활하지 않았다면 우리도 틀림없이 지문이 없었을 것입니다.

거대화하는 뇌

직립 이족 보행으로 사람 손은 보행에서 자유로워졌습니다. 자유로워진 손을 이용해서 사람은 먹잇감을 잡는 도구와 잡은 먹잇감을 자르는 도구를 만들게 되었습니다.

가장 오래된 손의 화석은 약 300만년 전 무렵에 출현한 원인(猿人), 오스트랄로피테쿠스의 것입니다. 오스트랄로피테쿠스 손뼈의 크기와 모양은 현대인의 손과 거의 같습니다.

같은 지층에서 가장 오래된 석기도 발굴되었기 때문에 아마도 현대인과 같은 정도로 능숙하게 손을 쓰지 않았을까 합니다.

하지만 오스트랄로피테쿠스의 뇌는 약 400*ml*로 유인원과 다르지 않은 크기였습니다. 약 50만년 전 무렵에 나타난 원인(原人), 호모 에렉투스는 뇌 크기도 약 1000*ml*로 커졌습니다. 그리고 호모 사피엔스가 되면 뇌 용량도 약 1400*ml*로 현대인과 다르지 않습니다.

2012년 9월, 사카이 도모코 영장류 연구소 연구원들의 연구 그룹은 하야시바라 유인원 연구 센터와 공동으로 세상에서 가장 처음으로 침팬지 태아의 뇌가 어떻게 성장하는지를 밝혀냈습니다. 그 결과 사람의 뇌 성장은 임신 후기까지 계속 가속화되는 것에 비해 침팬지는 임신 중기에 뇌 성장 속도가 둔화하는 것이 밝혀졌습니다.

침팬지는 임신 기간이 약 33주~34주, 사람의 임신 기간은 평균 38주이지만 침팬지도 사람도 태령 20주 무렵까지 뇌가 점점 빨리 성장합니다. 하지만 임신 중기에 해당되는 태령 20주~25주 무렵에 침팬지 태아의 뇌 용적의 성장 속도가 최고치가 됩니다. 사람의 경우에는 임신 후기까지 뇌 용적의 성장 속도가 점점 빨라진다는 것이 밝혀졌습니다.

사람의 뇌가 거대해진 것은 이족 보행이나 손의 발달뿐만 아니라 무기와 도구의 사용 또는 계획적인 수렵 채집을 위한 다양한 정보 처리 등에 따라 그렇게 되었다고 추정하고 있습니다.

사람 외의 동물도 도구를 사용한다

예전에는 사람만 도구를 쓴다고 생각했습니다. 하지만 지금은 사람 이외에도 도구를 이용하는 동물이 있다는 사실이 밝혀졌습니다.

예를 들면 까마귀도 도구를 이용합니다. 남태평양 뉴칼레도니아에 사는 뉴칼레도니아 까마귀는 부리에 가느다란 나뭇가지를 물고 나무 구멍 안에 그 나뭇가지를 넣어서 안에 있는 유충이 가느다란 나뭇가지를 붙잡도록 해서 끌고 나오는 '낚시'를 합니다. 그리고 가시가 있는 잎사귀(도구)를 이용해서 식물 잎사귀가 붙어 있는 부분에 숨어 있는 벌레를 들추어 낼 때도 있습니다.

더구나 이때 사용되는 잎사귀는 까마귀가 직접 만듭니다. 뉴칼레도니아 까마귀는 자신이 사용하기 쉬운 모양으로 잎사귀를 잘라낼 수 있습니다. 먹이가 적은 환경 속에서 익힌 이런 도구를 만드는 문화는 까마귀 부모에서 자식 세대로 이어지고 있습니다.

가장 유명한 예는 침팬지의 도구 사용입니다. 침팬지는 개미의 유충이나 흰개미를 먹는 것을 좋아하는데 그때 가까이에 있는 풀줄기를 뜯어서 개미무덤에 쑤셔 넣고 줄기 끝에 묻어 나오는 유충을 핥아먹습니다.

가까이에 적당한 풀이 없을 때는 개미무덤에서 떨어진 곳에서 풀의 줄기를 뜯어서 적당한 크기로 잘라서 사용합니다. 최초의 발견자가 이것을 '개미 낚시'라고 불렀습니다.

침팬지는 두꺼운 가지를 지렛대처럼 이용할 때도 있고 나무 구멍 안에 꿀이 들어 있나 없나를 조사할 때도 나뭇가지를 이용합니다. 침팬지는 더러워진 몸을 잎사귀로 닦기도 합니다. 그리고 야자 씨앗을 자르기 위해 한 쌍의 돌을 망치와 받침대로 사용한다는 사실도 알려져 있습니다.

본능에서 학습으로

새의 둥지 만들기는 본능 행동입니다. 본능 행동은 유전적으로 프로그램이 되어 태어나면서부터 갖춰진 행동입니다. 유명한 예로는 꿀벌이 꽃의 꿀이 있는 장소를 동료에게 전하는 춤이 있습니다.

이것에 비해 침팬지는 날마다 이동하는 곳에서 나뭇잎이나 나뭇가지를 이용해서 휴식을 위한 침상을 만듭니다. 하지만 새끼 침팬지는 침상을 제대로 만들지 못합니다. 어미 침팬지가 침상을 만드는 모습을 잘 살펴보고 기억하고 흉내를 내서 점차 능숙하게 만들

수 있게 됩니다. 요컨대 침팬지의 침상 만들기는 학습 행동의 결과인 것입니다.

개미 낚시도 4세 이하의 침팬지에게는 굉장히 어려운 것입니다. 대뇌의 발달에 따라 가능해진 학습 행동을 익힘으로써 침팬지는 어느 정도까지는 본능에서 해방된다고 할 수 있습니다.

침팬지처럼 지상에서 네 발로 다니는 동물도 이렇게 간단한 도구를 만들고 사용할 수 있기 때문에 직립 이족 보행으로 손이 자유로워진 사람이 도구를 만드는 방식이나 사용법을 학습하게 되는 것은 당연한 일처럼 여겨집니다.